城市给排水工程施工技术研究

范文斌　张鹏颖　黄翠柳 ◎著

吉林科学技术出版社

图书在版编目（CIP）数据

城市给排水工程施工技术研究 / 范文斌, 张鹏颖, 黄翠柳著. -- 长春 : 吉林科学技术出版社, 2022.9
ISBN 978-7-5578-9708-6

Ⅰ. ①城… Ⅱ. ①范… ②张… ③黄… Ⅲ. ①城市公用设施－给排水系统－建筑工程－工程施工－研究 Ⅳ. ①TU991

中国版本图书馆 CIP 数据核字(2022)第 178070 号

城市给排水工程施工技术研究

著 范文斌 张鹏颖 黄翠柳
出版人 宛 霞
责任编辑 郝沛龙
封面设计 金熙腾达
制 版 金熙腾达
幅面尺寸 185mm×260mm
开 本 16
字 数 250 千字
印 张 11.5
版 次 2022 年 9 月第 1 版
印 次 2023 年 3 月第 1 次印刷

出 版 吉林科学技术出版社
发 行 吉林科学技术出版社
地 址 长春市净月区福祉大路 5788 号
邮 编 130118
发行部电话/传真 0431-81629529 81629530 81629531 81629532 81629533 81629534
储运部电话 0431-86059116
编辑部电话 0431-81629518
印 刷 三河市嵩川印刷有限公司

书 号 ISBN 978-7-5578-9708-6
定 价 70.00 元

前　言

水是循环的维系生命的物质。水循环可以分为自然循环和社会循环两种过程。人类社会的发展，尤其是给排水工程技术的不断拓展，使得水的社会循环体系浩大而复杂。给排水管道恰是连接水的社会循环领域各工程环节的通道和纽带，是实现给排水工程设施功能的关键环节。在城镇化建设突飞猛进的今天，工程质量问题尤其突出。给排水管道工程的质量取决于勘察设计、建设施工、材料质量和维护管理的各个环节。对于工程技术人才和一线技术人员来说，需要掌握设计、施工、选材和运行维护的综合知识，而不能偏重于某一方。为适应这一情况，专业人才的培养应该注重引入专业领域应用的新技术、新工艺和新工程设备等内容。结合给排水工程专业的发展方向，各专业技术应以水的社会循环为研究对象，在水的输送、分配和水质水量调节方面，既保持专业传统，又强调与其他工程类别，如水利、道路、建筑设备、地下工程等的相互协调，全面提高给排水专业的科学性和应用性。为了将城市的给排水管道工程做好，保证施工质量，做好施工管理，进一步促进城市建设的可持续发展，必须对此类工程给予更多关注，并且对其中的常见问题进行排查，及时探讨解决方法，从而保证给排水管道可以更有效地为城市服务。

本书是城市给排水工程施工技术方面的著作，主要介绍了给排水工程的施工技巧，从市政给排水工程基础理论入手，针对给排水管道施工的技巧进行了分析研究，详细阐述了给排水管道土方施工技术、给水管道工程开槽施工技术以及排水管道工程开槽施工技术。另外，对管道穿越施工、给排水工程安全文明施工做了一定的介绍。本书在内容上力求做到简明扼要、深入浅出、突出重点，对从事给排水工程专业的研究学者与给排水工程工作者有学习和参考的价值。

撰写本书的过程中，我们参考和借鉴了一些知名学者和专家的观点及论著，在此向他们表示诚挚的感谢。由于水平和时间所限，书中难免存在不足之处，希望各位读者和专家能够提出宝贵意见，以待进一步修改，使之更加完善。

前言

目　录

第一章　城市给排水工程概述

第一节　给水工程概论

一、给水系统

（一）给水系统的概念

给水系统是为保证城市、工业企业等用水的工程系统。它的任务是从水源取水，按照用户对水质的要求进行处理，然后将水输送到用水区，并向用户配水。给水包括生活用水、生产用水、消防用水以及道路浇洒、绿化用水等市政用水。

给水系统，按水源种类，可分为地表水和地下水给水系统；按供水方式，可分为重力（依靠水源所具有的位置水头）供水、压力（水泵加压）供水和混合供水等系统；按使用目的，可分为生活给水、生产给水和消防给水等系统；按服务对象，可分为城市给水、工业给水和铁路给水等系统。

在工程实践中，也将给水系统分为取水工程、净水工程和输配水工程三个组成部分。其中，取水工程包括取水构筑物和一级泵站；净水工程包括水处理构筑物和清水池；输配水工程包括二级泵站、增加泵站、输水管（渠）、配水管网、水塔和高地水池等。

（二）给水工程的组成

给水工程由取水构筑物、水处理构筑物、泵站、输水管（渠）和管网以及调节构筑物组成。

1. 取水构筑物

用以从地表水源或地下水源取得要求的原水，并输往水厂。

2. 水处理构筑物

用以对原水进行水质处理，以符合用户对水质的要求，常集中布置在水厂内。

3. 泵站

用以将所需水量提升到要求的高度，分为抽取原水的一级泵站、输送清水的二级泵站和设于管网中的增压泵站。

4. 输水管（渠）和管网

输水管（渠）是将原水送到水厂或将水厂处理后的清水送到管网的管（渠），前者称为原水输水管（渠），后者称为清水输水管（渠）；管网是将处理后的水送到各个给水区的全部管道。

5. 调节构筑物

指各种类型的贮水构筑物，如高地水池、水塔和清水池，用以贮存水量以调节用水流量的变化。此外，高地水池和水塔还兼有保证水压的作用。

在以上组成中，泵站、输水管（渠）和管网以及调节构筑物等总称为输配水系统，或称为给水管网系统。从给水系统整体来说，它是投资最大的子系统，占给水工程总投资的60% ~ 80%。

二、给水分类

给水工程是城市和工矿企业的一个重要基础设施，它必须保证以足够的水量、合格的水质、充裕的水压供应用户的用水，既要满足近期的需要，还要兼顾今后的发展。水是人们生产生活不可缺少的物质资源。

（一）生活用水

生活用水包括家庭、机关、学校、部队、旅馆等的饮用、洗涤、烹饪、清洁卫生等用水。生活用水量的多少随着当地的气温、生活习惯、房屋卫生设备条件、供水压力等而有所不同，影响因素很多。

生活用水又可分为饮用水和非饮用水两种。为保障人们的身体健康，给水工程供应的生活饮用水，必须达到一定的水质标准，以防止水致传染病（霍乱、伤寒、痢疾、病毒性肝炎等）的流行和成为某些地方病（氟斑牙、氟骨症、氟龋齿、甲状腺肿大等）的诱因。生活饮用水对水质要求是：首先必须清澈透明、无色、无臭味和异味，即感观良好，人们乐于饮用；其次是各种有害健康或影响使用的物质的含量都不超过规定的指标。因环境污染日趋严重，水源中可能存在许多有毒有害物质，所以要严格执行国家对水质的要求。非生活饮用水对水质的要求可比饮用水低一些。

为了满足用户使用上的需要，生活用水管网的水压必须达到最小服务水头的要求。所谓最小服务水头是指配水管网在用户接管点处应维持的最小水头（从地面算起）。

（二）生产用水

生产用水是指生产过程中所需用的水。如冶金、化工、电力、造纸、纺织、皮革、电子、食品、酿造及化学制药等工业，都需要数量可观的各种用途的生产用水。

工矿企业部门很多，生产工艺多种多样，而且工艺的改革、生产技术的不断发展等都会使生产用水的水量、水质和水压发生变化。因此，在设计工业企业的给水系统时，参照以往的设计和同类型企业的运转经验，通过工业用水调查获得可靠的第一手资料，以确定需要的水量、水质和水压是非常重要的。

各种生产用水的水量视生产工艺而定，并且随着科学技术的发展、工艺改革和水的复用率的提高等都会使生产用水量发生变化。某些工业企业不但用水量大，而且不允许片刻停水（如火电厂的锅炉、钢铁厂的高炉和炼钢炉等），否则会造成严重的生产事故和经济损失。

因此，设计工业企业生产给水系统时，应充分了解生产工艺过程和设备对给水的要求，并参照同类型工业企业的设计和运转经验，以确定对水量、水质和水压的要求。

（三）消防用水

消防用水是指在发生火灾时，为扑灭火灾，保障人民生命财产安全而使用的水，一般是从街道消火栓或建筑物内的消火栓取水。

消防用水只在发生火灾时才从给水管网的消火栓上取用。消防用水对水质没有特殊要求。消防用水量一般较大，国家制定有相应的标准。室外消防用水按对水压的要求，分高压消防系统和低压消防系统两种情况。高压消防给水系统，市政管道的压力应保证用水总量达到最大且水枪在任何建筑物的最高处时，水枪的充实水柱仍不小于 10m。而采用低压消防给水系统，市政管道的压力应保证用水总量达到最大灭火时，最不利点的消火栓的水压不小于 10m（从地面算起）。市政管网一般采用低压消防给水系统，灭火时由消防车（或消防泵）自室外消火栓中取水加压。

（四）市政用水

市政用水包括道路洒水、绿地浇水。市政用水量应根据路面种类、绿化、气候、土壤以及当地条件等实际情况和有关部门的规定确定。市政用水量将随着城市建设的发展而不断增加。

三、给水工程规划

（一）明确任务

进行给水工程规划时，首先要明确规划设计的目的与任务。其中包括：规划设计项目的性质，规划任务的内容、范围，有关部门对给水工程规划的指示、文件，以及与其他部门分工协议的事项等。

（二）搜集资料

1. 规划和地形资料

包括近远期规划、城市人口分布、建筑层数和卫生设备标准、区域附近的区域总地形图资料等。

2. 现有给水设备的概况资料

包括用水人数、用水量、现有设备、供水成本以及药剂和能源的来源等。

3. 自然资料

包括气象、水文及水文地质、工程地质等资料。

4. 水文资料

对水量、水质、水压要求的资料等。

（三）制订规划设计方案

在给水工程规划设计时，通常要拟订几个较好的方案，进行计算，绘制给水工程规划方案图，进行工程造价估算，对方案进行技术经济比较，从而选出最佳方案。

（四）绘制工程系统图及文字说明

规划图纸的比例采用 1/5000 ~ 1/10 000，图中应包括给水水源和取水位置，水厂厂址、泵站位置，以及输水管（渠）和管网的布置等。

文字说明应包括规划项目的性质、建设规模、方案的组成及优缺点，工程造价，所需主要设备材料以及能源消耗等。此外，还应附有规划设计的基础资料。

第二节　给水管网布置

一、布置形式

给水管网（配水管网）是指将产品水从净水厂或一级供水系统的取水厂（站）输送到用户的网状管道系统，是给水系统的重要组成部分。给水管网布置合理与否对管网的运行安全性、适用性与经济性至关重要。

根据在整个给水系统中的作用，可给水管网将分为输水管网和配水管网两部分。

（一）输水管网

从水源到水厂或从水厂到配水管网的管线，因为沿线一般不连接用水户，主要起转输水量的作用，所以叫作输水管。另外，从配水管网接到个别大用水户去的管线，因沿线一般也不接用户管，此管线也被叫作输水管。

（二）配水管网

配水管网就是将输水管线送来的水，配给城市中用水户的管道系统。在配水管网中，各管线所起的作用不相同，因而其管径也就各异，由此可将管线分为干管、分配管（或称配水支干管）、接户管（或称进户管）三类。

干管的主要作用是输水至城市各用水城区，直径一般在 100mm 以上，在大城市为 200mm 以上。城市给水网的布置和计算，通常只限于干管。

配水支管是把干管输送来的水量送入小区的管道，敷设在每条道路下。配水管要考虑消防流量来决定管径的大小。为了满足安装消火栓所要求的管径，不致在消防时水压下降过大，通常配水管最小管径，在小城市采用 75 ~ 100mm，中等城市采用 100 ~ 150mm，大城市采用 150 ~ 200mm。

接户管又称进户管，是连接配水管与用户的管道。

二、布置要求

①按照城市规划平面图布置管网，布置时应考虑给水系统分期建设的可能。

②管网布置必须保证供水安全可靠，当局部管网发生事故时，断水范围应减到最小。

③管线遍布整个给水服务区内，保证用户可以获得足够的水量和水压。

④力求以最短距离敷设管线，以降低管网造价和供水能量消耗。

三、布置分类

给水管网的布置可分为环状管网和树枝状管网两种。

（一）环状管网

环状管网指供水干管之间都由另外方向的管道互相连通起来，形成许多闭合的环。一般在大中城市给水系统或供水要求较高时，或者对于不能停水的管网，均应采用环状管网。环状管网每条管都可以由两个方向来水，供水安全可靠性大，降低了管网中的水头损失，为了节省动力，管径可稍微减小。另外，环状管网还能减轻管内水锤的威胁，有利于管网的安全。环状管网的管线较长，投资较大，但供水安全可靠。

在实际工作中为了发挥给水管网的输配水能力，达到既安全可靠，又适用经济的目的，常采用树枝状与环状相结合的管网。如在主要供水区采用环状，在外围周边区域或要求不高而距离水厂又较远的地点，可采用树枝状管网，这样比较经济合理。

（二）树枝状管网

树枝状管网的干管与支管的布置犹如树干与树枝的形态。主要优点是管材省，投资少，构造简单；缺点是供水可靠性较差，一处损坏则下游各段全部断水，同时各支管末端易造成“死水”区，在用水低峰，管道内水的停留时间较长，水质会恶化。这种管网布置形式适用于地形狭长、用水量不大、用户分散的地区，或在建设初期采用，后期再发展形成环状管网。

居住区详细规划不会单独选择水源的，而是由邻近的城市主干道下面的城市给水管道供水，街坊只考虑其最经济的入口。

第三节　排水工程概论

一、排水工程的作用

兴建完善的排水工程，将城市污水收集输送到污水处理厂经处理后再排放，可以起到改善和保护环境、消除污水危害的作用。

保护环境是社会主义市场经济建设的先决条件，排水工程在我国经济建设中具有非常重要的作用。

消除污水危害，对预防和控制各种传染病和“公害病”，保障人民健康和造福子孙后代有深远意义。

污水经处理后可回用于城市，这是节约用水和解决水资源短缺的重要手段。

二、排水的分类

（一）城市污水

城市污水通常是指排入城市排水管道系统的生活污水和工业废水的混合物。在合流制排水系统中，还可能包括截流入城市合流制排水管道系统的雨水。城市污水实际上是一种混合污水，其性质变化很大，随着各种污水的混合比例和工业废水中污染物质的特性不同而异。城市污水须经过处理后才能排入天然水体，灌溉农田或再利用。在城市和工业企业中，应当有组织地、及时地排出上述废水和雨水，否则可能污染和破坏环境，甚至形成环境公害，影响人们的生活和生产，乃至于威胁人体健康。

1. 生活污水

生活污水指人们日常生活中用过的水，主要包括从住宅、公共场所、机关、学校、医院、商店和工厂及其他公共建筑的生活间，如厕所、浴室、盥洗室、厨房、食堂和洗衣房等处排出的水。生活污水中含有较多有机物和病原微生物等污染物质，在收集后须经过处理才能排入水体、灌溉农田或再利用。

2. 工业废水

工业废水是指在工业生产过程中所产生的废水。工业废水水质随工厂生产类别、工艺过程、原材料、用水成分以及生产管理水管的不同而有较大差异。根据污染程度的不同，工业废水又分为生产废水和生产污水。不同的工业废水所含污染物质有所不同，如冶金、建材工业废水中含有大量无机物，食品、炼油、石化工业废水中所含有机物较多。

生产废水是指在使用过程中受到轻度污染或仅水温增高的水，如冷却水，通常经简单处理后即可在生产中重复使用，或直接排入水体。生产污水是指在使用过程中受到较严重污染的水，具有危害性，须经处理后方可再利用或排放。

（二）降水

降水即大气降水，包括液态降水和固态降水，通常主要指降雨。降落的雨水一般比较清洁，但初期降雨的雨水径流会携带着大气中、地面和屋面上的各种污染物质，污染程度相对严重，应予以控制。由于降雨时间集中，径流量大，特别是暴雨，若不及时排泄，会造成灾害。另外，冲洗街道和消防用水等，由于其性质和雨水相似，也并入雨水。通常，雨水无须处理，可直接就近排入水体。

三、排水系统组成

排水系统通常由排水管道系统和污水处理系统组成。排水管道系统的作用是收集、输送污（废）水，由管渠、检查井、泵站等设施组成。在分流制排水系统中包括污水管道系统和雨水管道系统；在合流制排水系统中只有合流制管道系统。污水管道系统是收集、输送综合生活污水和工业废水的管道及其附属构筑物；雨水管道系统是收集、输送、排放雨水的管道及其附属构筑物；合流制管道系统是收集、输送综合生活污水、工业废水和雨水的管道及其附属构筑物。

城市生活污水排水系统由室内污水管道系统、室外污水管道系统、污水泵站及压力管道、污水处理厂、出水口及事故排出口等组成。

（一）室内污水管道系统

室内污水管道系统负责收集生活污水并将其排送至室外居住小区的污水管道中。住宅及公共建筑内各种卫生设备是生活污水排水系统的起端设备，生活污水从这里经水封管、支管、竖管和出户管等建筑排水管道系统流入室外居住小区管道系统。在每个出户管与室外居住小区管道相接的连接点设检查井，供检查和清通管道之用。通常情况下，居住小区内以及公建的庭院内要设置化粪池，建筑内的下水在经过化粪池后才排出小区，进入市政下水管道。

（二）室外污水管道系统

室外污水管道系统包括小区污水管道系统和市政污水管道系统两部分。

小区污水管道系统主要是收集小区内各建筑物排出的污水，并将其输送到市政污水管道系统中。一般由接户管、小区支管、小区干管、小区主干管和检查井、泵站等附属构筑物组成，与控制井相连的管道为小区主干管，与小区主干管相连的管道为小区干管，其余管道为小区支管。

市政污水管道系统由市政污水支管、污水干管、污水主干管等组成，敷设在城市较大的街道下，用以接纳各居住小区、公共建筑污水管道流来的污水。管径大、收水量和收水范围大的是主干管；管径小、收水量和收水范围小的是支干管。在各排水流域内，干管收集由支管流来的污水，此类干管常称为流域干管。主干管是收集两个或两个以上干管流来污水的管道。市郊总干管是接受主干管污水并输送至总泵站、污水处理厂或通至水体出水口的管道。由于污水处理厂和排放出口通常在建成区以外，所以，市郊总干管一般在污水受水管道系统的覆盖区范围之外。管道系统上的附属构筑物包括检查井、跌水井、倒虹管等。

（三）污水泵站及压力管道

污水一般以重力流排出，但往往由于受到地形等条件的限制而难以实施，这时就可设置泵站。压力管道是压送泵站出来的污水至高地自流管至污水处理厂的承压管段。

（四）污水处理厂

对原污水、污水厂生成污泥进行净化处理已达到一定质量标准（以便污水的利用或排放）的一系列构筑物及附属建筑物的整体合称为污水处理厂。对于城市常称为市政污水处理厂或城市污水处理厂，在工厂中常称为企业废水处理站。城市污水处理厂一般设置在城市河流的下流地段，并与居民点或公共建筑保持一定的卫生防护距离。

（五）出水口及事故排出口

污水排入水体的渠道和出口称为出水口，它是整个城市污水系统的终点设备。事故排出口是指在污水排水系统的中途，在某些易于发生故障的组成部分前面所设置的辅助性出水渠，一旦发生故障，污水就通过事故排出口直接排入水体。

四、雨水排水系统

雨水排水系统主要由建筑物的雨水管道系统和设备、居住小区或工厂雨水管渠系统、主干街道的市政雨水管渠系统、排洪沟和出水口等组成，用来收集径流的雨水，并将其排入水体。屋顶雨水的收集通常用雨水斗或天沟，地面雨水的收集通常用雨水箅口。雨水排水系统的室外管渠系统基本上和污水排水系统相同。雨水一般直接排入水体。由于雨水管道的设计流量较大，应尽量不设或少设雨水提升泵站。

雨水排水系统分为小区雨水管道系统和市政雨水管道系统。

小区雨水管道系统是收集、输送小区地表径流的管道及其附属构筑物，包括雨水口、小区雨水支管、小区雨水干管、雨水检查井等。

市政雨水管道系统是收集小区和城市道路路面上的地表径流的管道及其附属构筑物，包括雨水支管、雨水干管、雨水口、检查井、雨水泵站、出水口等附属构筑物。雨水支管承接若干小区雨水干管中的雨水和所在道路的地表径流，并将其输送到雨水干管；雨水干管承接若干雨水支管中的雨水和所在道路的地表径流，并将其就近排放。

五、合流制排水系统

合流制排水系统的组成有建筑排水设备、室外居住小区以及主街道的市政管道系统。住宅和公共建筑的生活污水经庭院或街坊管道流入街道市政合流管道系统。雨水经街道两侧的雨水箅口进入合流管道。通常在合流主干管道与截流总干管的交汇处设有溢流井。

第四节　排水管道布置

一、排水系统体制

（一）合流制

合流制排水系统是指将生活污水、工业废水和雨水收入同一套排水管渠内排出的排水系统，又可分为直排式合流制排水系统和截流式合流制排水系统。

1. 直排式合流制

直排式合流制排水系统是最早出现的合流制排水系统，是将欲排出的混合污水不经处理就近直接排入天然水体。但污水未经无害化处理而直接排放，会使受纳水体遭受严重污染。国内外许多老城市几乎都采用这种排水系统。这种系统所造成的污染危害很大，现在一般不再采用。

2. 截流式合流制

截流式合流制排水系统是在邻近河岸的高程较低侧建造一条沿河岸的截流总干管，所有主干排水管的混合污水都将接入截流总干管中，合流污水由截流总干管输送至下游的排水口集中排出或进入污水处理厂。

晴天时，管道中只输送旱流污水，并将其在污水处理厂中进行处理后再排放。雨天时，降雨初期，旱流污水和初降雨水被输送到污水处理厂，经处理后排放；随着降雨量的不断增大，生活污水、工业废水和雨水的混合液也在不断增加，当该混合液的流量超过截流干管的截流能力后，多余的混合液就经溢流井溢流排放。

在合流干管与截流总干管相交前或相交处应设置溢流井。溢流井的作用是，当进入管道的城市污水和雨水的总量超过管道的设计流量时，多余的雨水（实际上是城市污水和雨水的混合物）就会经溢流井排出，而不能向截流总干管的下游转输。截流总干管的下游通常是市政污水处理厂。

3. 完全合流制

将污水和雨水合流于一条管渠内，全部送往污水处理厂进行处理后再排放。此时，污水处理厂的设计负荷大，要容纳降雨的全部径流量，这就给污水处理厂的运行管理带来了很大的困难，其水量和水质的经常变化也不利于污水的生物处理；同时，处理构筑物过大，平时也很难全部发挥作用，会造成一定程度的浪费，工程中很少采用。

（二）分流制

分流制排水系统是指将生活污水、工业废水和雨水分别在两个或两个以上各自独立的管渠系统内排出的排水体制。排出生活污水、工业废水或城市污水的系统称为污水排水系统，排出雨水的系统称为雨水排水系统。根据排出雨水方式的不同，又可分为完全分流制排水系统和不完全分流制排水系统。

1. 完全分流制

完全分流制是将城市的综合生活污水和工业废水用一条管道排出，而雨水用另一条管道来排出的排水方式。完全分流制中有一条完整的污水管道系统和一条完整的雨水管道系统，这样可将城市的综合生活污水和工业废水送至污水处理厂进行处理，克服了完全合流制的缺点，同时减小了污水管道的管径。但完全分流制的管道总长度大，且雨水管道只在雨季才能发挥作用，因此，完全分流制造价高，初期投资大。

2. 不完全分流制

受经济条件的限制，在城市中只建设完整的污水排水系统，不建雨水排水系统，雨水沿道路边沟排出，或为了补充原有渠道系统输水能力的不足只建一部分雨水管道，待城市有所发展后再将其改造成完全分流制。

二、排水管道的布置形式

排水管道的平面布置，根据城市地形、竖向规划、污水处理厂的位置、土壤条件、水体情况，以及污水的种类和污染程度等因素确定。下面六种是以地形为主要因素的布置形式。

（一）正交式

在地势向水体适当倾斜的地区，各排水流域的干管可以最短距离沿与水体大体垂直相交的方向布置，这种布置称为正交式布置，如图 1-1 所示。正交式布置的干管长度短、管径小、造价经济、污水排出迅速。但污水未经处理直接排放会使水体遭受严重污染。因此，在现代城市中，直接排放形式仅用于雨水排出。

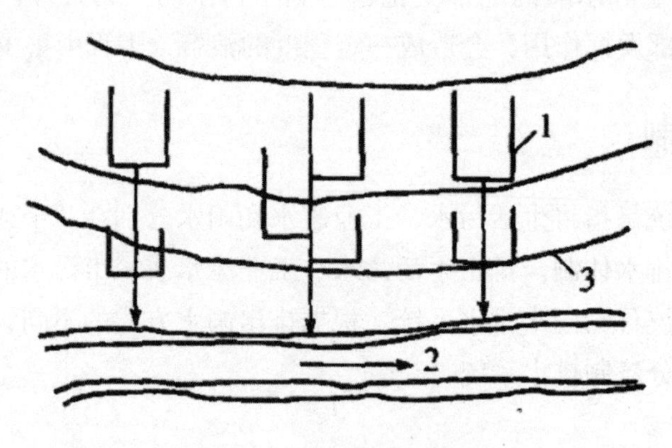

图 1-1　正交式布置示意图

1—排水管网；2—水体；3—等高线

（二）平行式

在地势向河流方向有较大倾斜的地区，为了避免干管坡度及管内流速过大，使管道受到严重冲刷，可使干管与等高线及河道基本平行、主干管与等高线及河道呈一定斜角的形式敷设，这种布置称为平行式布置，如图 1-2 所示。但是，能否采用平行式布置，取决于城镇规划道路网的形态。

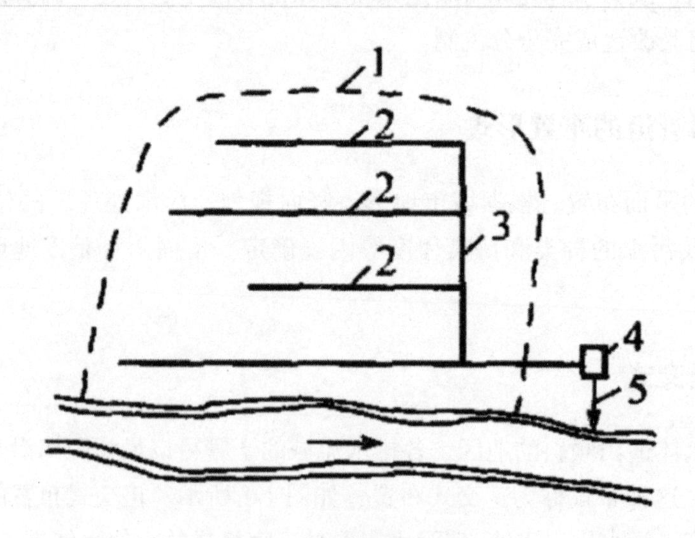

图 1-2　平行式布置示意图

1—城市边界；2—干管；3—主干管；

4—污水处理厂；5—出水口

（三）截流式

在正交式布置的基础上，沿河岸再敷设总干管将各干管的污水截流并输送至污水处理厂，这种布置称为截流式布置，如图 1-3 所示。截流式布置对减轻水体污染、改善和保护环境有重大作用，适用于分流制的污水排水系统。将生活污水和工业废水经处理后排入水体，也适用于区域排水系统。此种情况下，区域性的截流总干管需要截流区域内各城镇的所有污水，将其输送至区域污水处理厂进行处理。截流式合流制排水系统因雨天有部分混合污水泄入水体，会对水体有所污染。这是合流制的一个缺点。

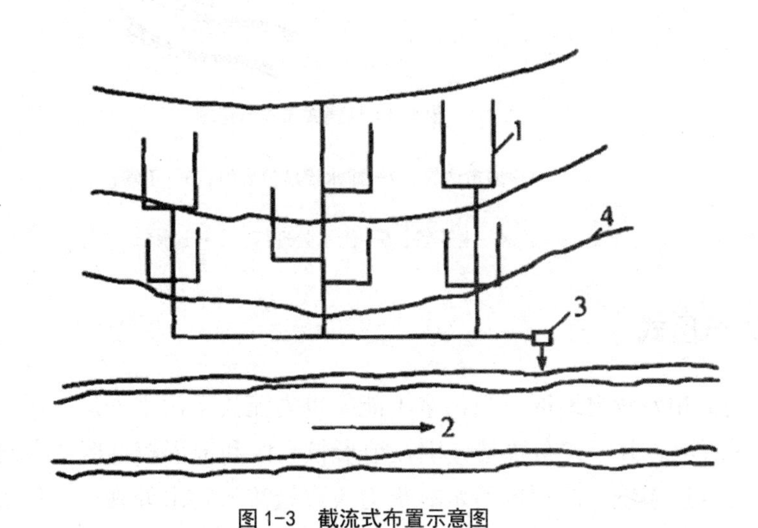

图 1-3 截流式布置示意图

1—排水管网；2—水体；3—污水处理厂；4—等高线

（四）分散式

当城市周围有河流，或城市中央部分地势较高、地势向四周倾斜的地区，各排水流域的干管常采用辐射状分散式布置，各排水流域具有独立的排水系统。这种布置具有干管长度短、管径小、管道埋深浅等优点，但污水处理厂和泵站（如需要设置时）的数量将会增多。在地形平坦的大城市，采用辐射状分散式布置可能是比较有利的。

（五）环绕式

在分散式布置的基础上，沿城市四周布置截流总干管，将各干管的污水截流送往污水处理厂，这种布置称为环绕式布置，如图 1-4 所示。在环绕式布置中，便于实现只建一座大型污水处理厂，避免修建多个小型污水厂，可减少占地面积，节省基建投资和运行管理费用。

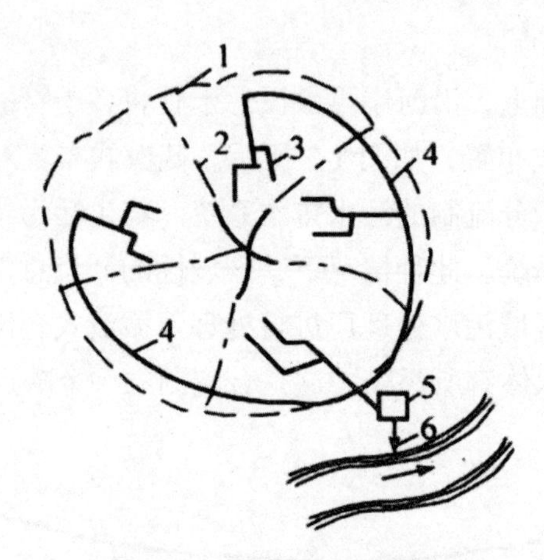

图 1-4　环绕式布置示意图

1—城市边界；2—排水流域分界线；3—干管；

4—主干管；5—污水处理厂；6—出水口

（六）分区式

在地势高低相差较大地区，当污水不能靠重力流流至污水处理厂时，可采用分区式布置，如图 1-5 所示。分区式布置是分别在地形较高区和地形较低区依各自的地形和路网情况敷设独立的管道系统。高地区污水靠重力流直接流入污水处理厂，低地区污水用水泵抽送至高地区干管或污水处理厂。这种布置只能用于个别阶梯地形或起伏很大的地区，优点是能充分利用地形较高区的地形排水，节省能源。

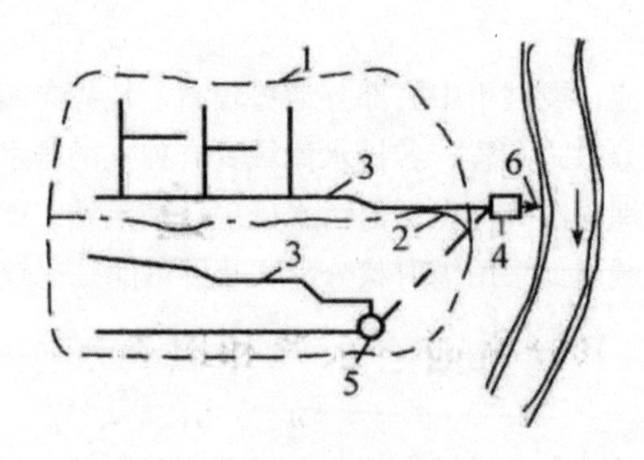

图 1-5　分区式布置示意图

1—城市边界；2—排水流域分界线；3—干管；

4—污水处理厂；5—污水泵站；6—出水口

第二章　城市给水排水管道土方施工技术

第一节　降排水施工

一、施工降排水

（一）施工排水

施工排水包括排出雨水、地表水和地下自由水三个方面。雨季施工时，地表水会流入基坑内，所以必须做好地面雨水导排工作，使其不能流入作业坑或作业槽。在开挖基坑或沟槽时，土壤的含水层常被切断，地下水将会不断涌入基坑或沟槽内。为了保证施工的正常进行，防止边坡坍塌和地基承载力下降，必须做好基坑的降水工作。

地下水主要是以水汽、结合水和自由水三种状态存在于地下含水层中。结合水没有出水性。自由水又分为潜水和承压水两种。

潜水通常是存在于地表以下、第一个稳定隔水层顶板以上的地下自由水，有一个自由水面，其水面受当地地质、气候及环境的影响。雨季因下渗量大导致水位高，冬季水位会下降，附近有河、湖等地表水存在时，视两者水面线的高程关系会互相补给。

承压水亦称层间水，是埋藏于两个隔水层之间的地下自由水。承压水有稳定的隔水层顶板，水体承受压力，没有自由水面。承压水一般不是当地补给的，水位、水量受当地气候的影响较潜水小。

（二）施工降排水的基本要求

①对有地下水影响的土方施工，要计算降排水量。

②降排水方法的选定。

③排水系统的平面和竖向布置，观察系统的平面布置以及抽水机械的选型和数量。

④降水井的构造，井点系统的组合与构造，排放管渠的构造、断面和坡度。

⑤电渗排水所采用的设施及电极。

⑥沿线地下和地上管线、周边构（建）筑物的保护和施工安全措施。

⑦降水深度设计，设计降水深度在基坑(槽)范围内不应小于基坑(槽)底面以下0.5m。

⑧降水井的平面布置，在沟槽两侧应根据计算确定采用单排或双排降水井，在沟槽端部，降水井外延长度应为沟槽宽度的 1 ~ 2 倍。

⑨在地下水补给方向可加密，在地下水排泄方向可减少。

⑩降水深度必要时应进行现场抽水试验，以验证并完善降排水方案。

⑪采取明沟排水施工时，排水井宜布置在沟槽范围以外，其间距不宜大于 150m。

⑫施工降排水终止抽水后，降水井及拔除井点管所留的孔洞，应及时用砂石等填实；地下水静水位以上部分，可采用黏土填实。

⑬施工单位应采取有效措施控制施工降排水对周边环境的影响。

（三）施工排、降水的方法

由于地理、水文、地质及周围的环境等情况的不同，施工排、降水也有多种方法，一般可根据地质情况、土层渗透系数以及坑(槽)的深度、占地面积来选择适当、有效的排、降水手段。

无论采用哪种方法，都应排出施工范围内影响施工的降雨积水及其他地表水，将地下水位降至坑（槽）底以下一定深度，以改善施工条件，并保证坑（槽）边坡稳定，避免地基土承载力下降。

一般情况下，常用的施工排、降水的方法为明沟排水和人工降低地下水位两种。明沟排水是在沟槽或基坑开挖时在其周围筑堤截水或在其内底四周或中央开挖排水沟，将地下水或地面水汇集到集水井内，然后用水泵抽走。人工降低地下水位是在沟槽或基坑开挖之前，预先在基坑周侧埋设一定数量的井点管，利用抽水设备将地下水位降至基坑底面以下，形成干槽施工条件。

（四）施工排、降水的目的

给水排水工程的排、降水，指的是排出影响施工的包括雨水在内的地表水和施工现场的地下水位等。

在砂性土、粉土和黏性土中开挖基坑或沟槽时，由于地下水渗出而产生的流砂、塌方、管涌、土体变松等现象以及地表水流入坑（槽）内，会导致坑（槽）内施工条件恶化，严重时会使地基土承载力下降，最终结果是使给水排水管道、新建的构筑物或附近已建构筑物遭到破坏。因此，施工排、降水是给水排水工程和地下工程施工的关键工作，特别是对于某些深埋工程（如沉井、顶管等），其工程的成败及施工质量，往往取决于施工排、降水措施的正确与否。

施工排、降水的目的是：

①排出施工范围内影响施工的降雨积水及其他地表水。

②将地下水水位降低，疏干至槽底以下。

③稳定构筑物施工的基坑坑壁、边坡，防止滑坡、塌方。

④稳定基坑坑底，防止坑底隆起，防止坑底被水浸泡而影响地基的承载力。

⑤防止产生流砂、管涌等病害。

总之，当基坑（槽）底低于地下水位或受江、河、湖、海及受降雨影响地区施工地下工程时，均需要施工排、降水。

二、明沟排水

明沟排水为施工中应用最广、最为简单、最经济的方法，一般常用且有效的方法有明沟排水、排水井排水、深沟排水等。

（一）明沟排水

1. 普通明沟排水

这种排水方法系在开挖基坑的一侧、两侧或四侧，或在基坑中部设置排水明(边)沟，在四角或每隔 30 ~ 40m 设一集水井，使地下水流汇集于集水井内，再用水泵将地下水排出基坑外。

排水沟、集水井应在挖至地下水位以前设置，应设在基础轮廓线以外。排水沟边缘应离开坡脚不小于 0.3m，深度应始终比挖土面低 0.3 ~ 0.4m；集水井应比排水沟低 0.5m 以上，或深于抽水泵的进水阀的高度，并随基坑的挖深而加深，为保持水流畅通，地下水位应低于开挖基坑底 0.5m。

在一侧设排水沟时，应设在地下水的上游，一般较小面积基坑排水沟深 0.3 ~ 0.6m，底宽应不小于 0.3m，水沟的边坡为 1.1 ~ 1.5m，沟底设有 0.2% ~ 0.5% 的纵坡，使水流不致阻塞。

集水井截面为（0.6m × 0.6m）~（0.8m × 0.8m），井壁用竹笼、钢筋笼或木方、木板支撑加固。至基底以下井底应填以 20cm 厚碎石或卵石，水泵抽水龙头应包以滤网，防止泥沙进入水泵。

抽水应连续进行，直至基础施工完毕，回填后才停止。如为渗水性强的土层，水泵出水管口应远离基坑，以防抽出的水再渗回坑内；同时抽水时可能使邻近基坑的水位相应降低，利用这一条件，可同时安排数个基坑一起施工。

这种排水方法的优点是施工方便，设备简单，降水费用低，较易于管理维护，所以应用最为广泛。适用于土质情况较好，地下水不很丰富，一般基础及中等面积群和建（构）筑物基坑（槽、沟）的排水。

2. 分层明沟排水

当基坑开挖土层由多种土层组成，中部夹有透水性强的砂类土层时，为避免上层地下水冲刷基坑下部边坡，造成塌方，可在基坑边坡上设置 2 ~ 3 层明沟及相应的集水井，分层阻截并排出上部土层中的地下水。

排水沟与集水井的设置方法及尺寸，基本与普通明沟排水方法相同，但应注意防止上层排水沟的地下水溢流向下层排水沟，冲坏、掏空下部边坡，造成塌方。

本法可保持基坑边坡稳定，减少边坡高度和扬程，但土方开挖面积加大，土方量增加，适于深度较大、地下水位较高，且上部有透水性强的土层的建筑物基坑排水。

（二）排水井排水

1. 排水井的种类

将雨水、地表水和槽壁、槽底渗出的地下水经排水明沟或暗沟、盲沟汇集到集水井，由集水井内提升送至沟槽以外的排水方法，称之为排水井（集水井）排水。

依据土质、水文情况、沟槽宽窄深浅、工期长短、气象条件、物资供应情况等，排水井可做成小型、简易、大型、深井等多种，并可辅以不同构造的排水沟、盲沟等，组成排水系统。

2. 排水井的布置

排水井一般布置在沟槽一侧，水量大时可布置在沟槽外，进水口伸向沟槽，在槽底一侧或两侧布置排水沟排水引向进水口，当两侧设排水沟时可以设横截暗沟相连通；在两排水井之间的排水沟一般有 2/3 顺坡流向下游排水井，1/3 反坡流向上游排水井。

排水井的间距依水泵和槽内涌水量通过理论计算确定。通常小跨井 30 ~ 50m 即设一个，大型排水井采取 75 ~ 150m 的间距，也可直接设在检查井的位置。

进水口长度，即排水井外缘至沟槽底边的距离。大型排水井的进水口长度：黏性土一般保持在 1 ~ 2m；砂性土要保证 2 ~ 4m。

3. 排水井施工的注意事项

应充分调查研究，选好方案。

材料供应必须及时，不得停工待料。

开挖排水井要快、深，要连续作业，一气呵成，施工要迅速，不得敷衍凑合。

大型排水井、大口径混凝土管排水井，要及时封底。在确定井的深度时，要充分考虑水泵的出水量及排水井下段的存水量，并加上封底厚度。依据具体情况，可采用木盘麻袋封底、荆笆拍子封底、上压块石、铺卵石等做法。封底必须考虑抗浮，事先计算好重量、数量、尺寸，配好材料，一旦挖到设计井底高程，立即封底、压实、塞严、卡紧。排水井封底必须迅速准确，取较大的安全系数，防止涌塌，造成事倍功半。

排水井上部支撑必须牢固，并做好交通道，保证抽水设备安装、维护、排水井掏挖方便。

（三）深沟排水

当地下设备基础成群，基坑相连，土层渗水量和排水面积大时，为减少大量设置排水沟的复杂性，可在基坑外距坑边 6 ~ 30m 或基坑内深基础部位开挖一条纵长深明排水沟作为主沟，使附近基坑地下水沟通过深沟流入下水道，或另设集水井用泵抽到施工场地以外沟道排走。

在建（构）筑物四周或内部设支沟与主沟连通，将水流引至主沟排走，排水主沟的沟底应比最深基坑底低 0.5 ~ 1.0m。支沟比主沟低 50 ~ 70cm，通过基础部位用碎石及沙做盲沟，以后在基坑回填前分段用黏土回填夯实截断，以免地下水在沟内继续流动破坏地基土层。

深层明沟亦可设在厂房内或四周的永久性排水沟位置，集水井宜设在深基础部位或附近。如施工期长或受场地限制，为不影响施工，亦可将深沟做成盲沟排水。

将多块小面积基坑排水变为集中排水，降低地下水位面积大和深度大，节省降水设施和费用，施工方便，降水效果好。但开挖深沟，工程量大，较为费事，适于深度大的大面积地下室、箱基、设备基础群。

（四）涌水量计算

明沟排水采用的抽水设备主要有离心泵、潜水泥浆泵、活塞泵和隔膜泵等。为了合理选择水泵型号，应对总涌水量进行计算。

地下水渗入基坑的涌水量与土的种类、渗透系数、水头大小、坑底面积等有关，可通过抽水试验确定或实践经验估算，或按大井法计算。

流入基坑的涌水量 Q（m^3/d）为从四周坑壁和坑底流入的水量之和，一般按下式计算：

$$Q=\frac{1.366KS(2H-S)}{\lg R-\lg r_0}+\frac{6.28KSr_0}{1.57+\dfrac{r_0}{m_0}\left(1+1.185\lg\dfrac{R}{4m_0}\right)}$$

式中 K——土层的渗透系数（m/d）；当含水层为非均质土层时，应采用各分层土层渗透系数加权平均值，即：

$$K=\frac{\sum k_i h_i}{\sum h_i}$$

k_i、h_i——各土层的渗透系数（m/d）与厚度（m）；

S——抽水时坑内水位下降值（m）；

H——抽水前坑底以上的水位高度（m）；

R——抽水影响半径（m），可按表 2-1 选用；

m_0——从坑底到下卧不透水层的距离（m）；

r_0——假想半径（m），矩形基坑按其长、短边的比值不大于 10，可视为一个圆形大井，其假想半径可按下式估算：

$$r_0 = \eta \frac{a+b}{4}$$

式中 a、b——矩形基坑的边长（m）；

η——系数，可由表 2-2 查得。

表 2-1　抽水影响半径 R 值

土的种类	极细砂	细砂	中砂	粗砂	极粗砂	小砾石	中砾石	大砾石
粒径 /mm	0.05 ~ 0.1	0.1 ~ 0.25	0.25 ~ 0.5	0.5 ~ 1.0	1.0 ~ 2.0	2.0 ~ 3.0	3.0 ~ 5.0	5.0 ~ 10.0
所占重量（%）	< 70	> 70	> 50	> 50	> 50	-	-	-
R/m	22 ~ 50	50 ~ 100	100 ~ 200	200 ~ 400	400 ~ 500	500 ~ 600	600 ~ 1500	1500 ~ 6000

表 2-2　系数 η 值

b/a	0	0.2	0.40	0.60	0.80	1.00
η	1.00	1.12	1.14	1.16	1.18	1.18

（五）排水盲沟

当地下水量较大时，井点或排水井降水不易一次达到要求的效果时，可辅以“盲沟”降水。可采用以机械带水挖小槽，埋设盲沟，将水引向排水井或井点抽水，然后将小槽回填，待降水达到可以整体开槽要求时再全面开挖。

在沟槽中心挖小沟，埋设盲沟在槽底以下，盲沟通向排水井，先抽水，保证干槽施工，盲沟盲管可以永久保存。

三、人工降低地下水位

在地下水位较高、土质较差等情况下，如果基坑开挖的深度较大时，可利用真空原理排出土中的自由水，从而达到降低地下水位和疏干土中含水的目的。常采用人工降低地下水位的方法，也称井点降水。

根据土层的渗透系数、要求降低水位的深度和工程的特点，人工降低地下水位的方法主要有轻型井点、喷射井点、电渗井点、深井井点和管井井点等。各种井点降水方法的适用范围，见表 2-3。

表 2-3　各种井点降水方法的适用范围

井点类别		土层的渗透系数 /（m/d）	降水深度 /m
轻型井点	一级轻型井点	0.1 ~ 50	3 ~ 6
	多级轻型井点	0.1 ~ 50	视井点级数而定
	喷射井点	0.1 ~ 50	8 ~ 20
	电渗井点	< 0.1	视选用的井点而定
管井类	管井井点	20 ~ 200	3 ~ 5
	深井井点	10 ~ 250	> 15

（一）轻型井点降水

轻型井点系统由井点管和滤管、弯联管、集水总管以及抽水设备等组成。

1. 井点管和滤管

井点管长度一般为 6 ~ 9m，用直径 38 ~ 55mm 钢管（也可采用 PVC 管）制成，可整根或分节组成。井点管上端用弯联管和总管相连，下段为滤管。

滤管是井水设备，构造是否合理对抽水效果影响很大。滤管长度一般为 0.9 ~ 1.7m。管壁上有直径为 12 ~ 18mm 呈梅花形布置的小孔，外包粗、细两层滤网。为避免滤孔淤塞，在管壁与滤网间用塑料管或铁丝绕成螺旋状隔开，滤网外面再围一层粗铁丝保护层。滤管下端装有堵头，上端同井点管相连。滤水管下端应用管堵封闭，最下端也可安装沉砂管，使地下水中夹带的砂粒沉积在沉砂管内。

为了防止土颗粒涌入井内，提高滤水管的进水面积和土层的竖向渗透性，可在滤水管周围建立直径为 400 ~ 500mm 的反滤层（也称为过滤砂圈）。

2. 弯联管

弯联管是连接井点直管与总管的短管。常用的是橡胶管，每节长约 600mm，弯联管内径与井点直管及总管的外径相同，使用时应用钢丝拧紧、固定。

3. 集水总管

集水总管为直径 100 ~ 127mm 的无缝钢管，每段长 4m，其上装有与井点管连接的短管接头，间距 0.8m 或 1.2m。总管总是要设置一定的坡度坡向泵房。

4. 抽水设备

轻型井点采用的抽水设备是真空泵。常用的类型有卧式柱塞往复式真空泵、射流式真空泵等。

卧式柱塞往复式真空泵排气量较大，真空度较高，降水效果好，但设备庞大，且为气水分离的干式泵，因此操作、保养、维修较难，如图 2-1 所示。

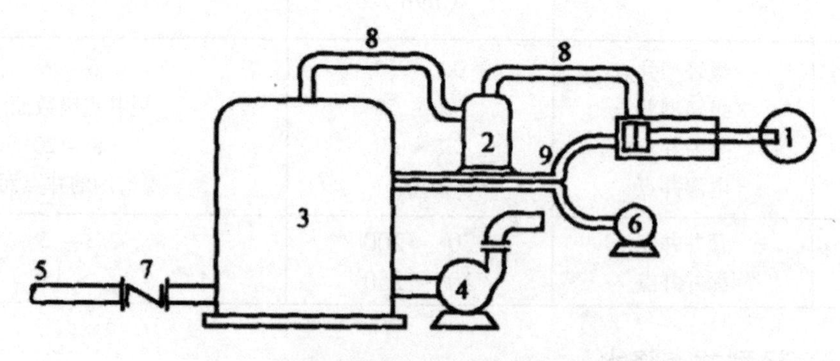

图 2-1　卧式柱塞往复式真空泵井点系统示意图

1—真空泵；2—气水分离器；3—集水罐；4—排水泵；

5—集水总管；6—循环水泵；7—单向阀；8—空气管；9—循环水管

射流式真空泵的工作原理是利用离心泵从水箱抽水，高压水通过射流器加速产生负压，使地下水经井点管进入射流器，一部分水维持射流器工作，另一部分水经水管排出，如图 2-2 所示。

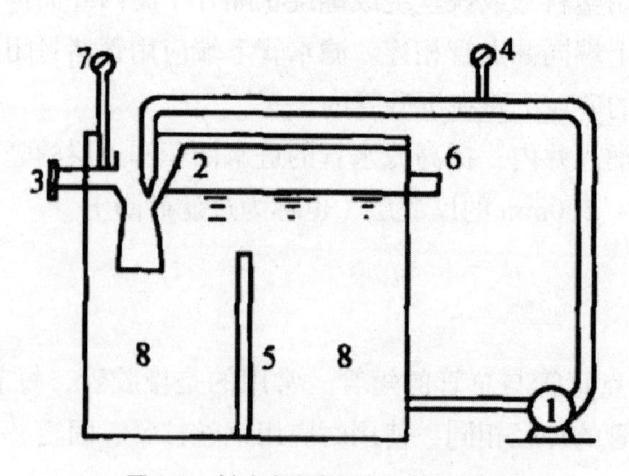

图 2-2　射流式真空泵井点系统示意图

1—离心泵；2—射流器；3—集水总管；4—压力表；

5—稳压隔板；6—排水口；7—真空表；8—水箱

为了保证抽水设备的正常工作，除了整个系统连接严密外，还要在地下 1.0m 深度的井管外填黏土密封，以避免井点与大气相遇，破坏系统的真空。

（二）涌水量计算

确定井点管数量时，需要知道井点系统的涌水量。井点系统的涌水量按水井理论进行计算，根据地下水有无压力，水井分为无压井和承压井。当水井布置在具有潜水自由面的含水层中时（地下水面为自由水面），称为无压井；当水井布置在承压含水层中时（含水层中的地下水充满在两层不透水层间，其水面具有一定的水压），称为承压井。当水井底部达到不透水层时称完整井，否则称为非完整井。

群井涌水量计算：可把由各井点管组成的群井系统，视为一口大的单井，设该井为圆形的，则群井系统的涌水量计算图式（图 2-3）和公式如下：

$$Q = \pi K \frac{H^2 - l'^2}{\ln R' - \ln x_0} \text{或} Q = 1.364K \frac{H^2 - l'^2}{\lg R' - \lg x_0}$$

式中 R'——群井降水影响半径（m）；

x_0——由井点管围成的大圆井的半径（m）；

l'——井点管中的水深（m）。

假设在群井抽水时，每一井点管（视为单井）在大圆井外侧的影响范围不变，仍为 R，则有 $R' = R + x_0$。设 $S = H - l$，由此，上式成为如下形式：

$$Q = \pi K \frac{(2H - S)S}{\ln(R + x_0) - \ln x_0} \text{或} Q = 1.364K \frac{(2H - S)S}{\lg(R + x_0) - \lg x_0}$$

上式即为实际应用的群井系统涌水量的计算公式。

两式运用于无压完整单井或群井涌水量计算。对承压完整井可通过类似的推导求得：

单井：$Q = 2\pi \frac{KMS}{\ln R - \ln r}$ 或 $Q = 2.73 \frac{KMS}{\lg R - \lg r}$

群井：$Q = 2\pi \frac{KMS}{\ln(R + x_0) - \ln x_0}$ 或 $Q = 2.73 \frac{KMS}{\lg(R + x_0) - \lg x_0}$

式中 M——含水层厚度（m）；

其他符号意义同前。

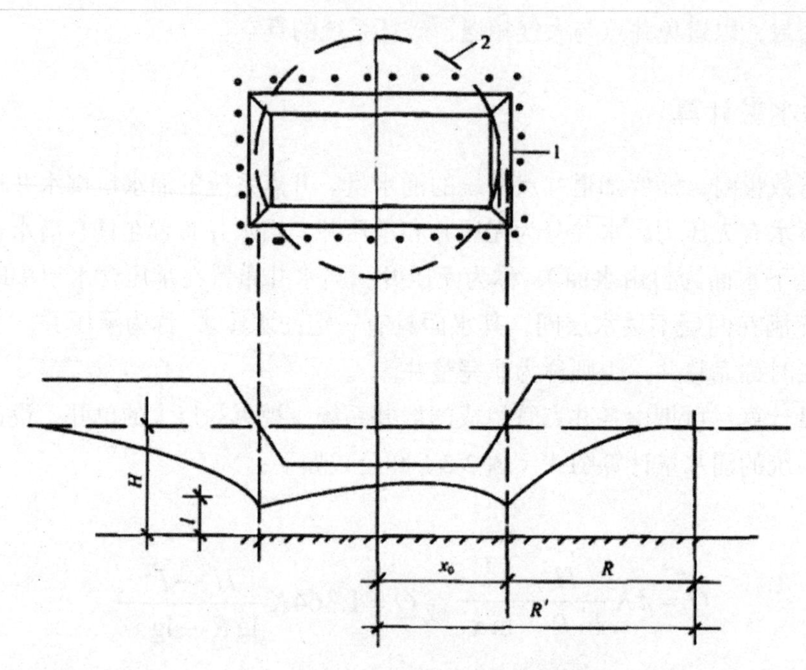

图 2-3　群井系统涌水量计算图式

1—矩形基坑；2—等效圆井

在实际工程中往往会遇到无压非完整井的井点系统。这时地下水不仅从井面流入，还从井底渗入，因此涌水量要比完整井大。为了简化计算，仍可采用

$Q = \pi K \dfrac{(2H-S)S}{\ln(R+x_0)-\ln x_0}$ 或 H。此时式中 H 换成有效含水深度 H_0，即：

$$Q = \pi K \frac{(2H_0-S)S}{\ln(R+x_0)-\ln x_0} \text{ 或 } Q = 1.364K \frac{(2H_0-S)S}{\lg(R+x_0)-\lg x_0}$$

H_0 可查表 2-4，当算得的 H_0 大于实际含水层的厚度 H 时，取 $H_0 = H$。

表 2-4　有效深度 H_0 值

$S/(S+l)$	0.2	0.3	0.5	0.8
H_0	1.3 $(S+l)$	1.5 $(S+l)$	1.7 $(S+l)$	1.84 $(S+l)$

注：$S/(S+l)$ 的中间值可采用插入法求 H_0。

表 2-4 中，S 为井点管内水位降落值（m），l 为滤管长度（m）。有效含水深度 H_0 的意义是：抽水时在 H_0 范围内受到抽汞影响，而假设在 H_0 以下的水不受抽水影响，因而也可将 H_0 视为抽水影响深度。如图 2-3 所示，应用上述公式时，要先确定 x_0，R，K。

由于基坑大多不是圆形，因而不能直接得到 x_0。当矩形基坑长宽比不大于 5 时，环

形布置的井点可近似作为圆形井来处理，并用面积相等原则确定，此时将近似圆的半径作为矩形水井的假想半径：

$$x_0 = \sqrt{\frac{F}{\pi}}$$

式中 x_0——环形井点系统的假想半径（m）；

F——环形井点所包围的面积（m^2）。

抽水影响半径，与土层的渗透系数、含水层厚度、水位降低值及抽水时间等因素有关。在抽水 2 ~ 5d 后，水位降落漏斗渐趋稳定，此时抽水影响半径可近似地按下式计算：

$$R = 1.95S\sqrt{HK}$$

式中 R 的单位为 m；H 的单位为 m/d。

渗透系数 K 值对计算结果影响较大。K 值的确定可用现场抽水试验或实验室测定。对重大工程，宜采用现场抽水试验以获得较准确的值。在现场设置一个抽水孔，并在距抽水孔为 x_1、x_2 处设两个观测井（三者位于同一直线上），待抽水稳定后，测得 x_1、x_2 处观测孔中的水深 l_1、l_2，并由抽水孔中相应的抽水量 Q，可得：

$$K = \frac{Q\left(\ln x_2 - \ln x_1\right)}{\pi\left(l_2^2 - l_1^2\right)}$$

单根井管的最大出水量，可由下式确定：

$$q = 65\pi dl\sqrt[3]{K}$$

式中 d——滤管直径（m）；

其他符号意义同前。

井点管最少数量由下式确定：

$$n' = \frac{Q}{q}$$

井点管最大间距由下式确定：

$$D' = \frac{L}{n'}$$

式中 L——总管长度（m）；

n'——井点管最少根数。

实际采用的井点管间距 D 应当与总管上接头尺寸相适应，即尽可能采用 0.8m、1.2m、1.6m 或 2.0m，且 $D < D'$，这样实际采用的井点数 $n > n'$，一般 n 应当超过 1.1 n'，以防井点管堵塞等影响抽水效果。

（三）轻型井点设计

井点系统布置应根据水文地质资料、工程要求和设备条件等确定。一般要求掌握的水文地质资料有地下水含水层厚度、承压或非承压水及地下水变化情况、土质、土的渗透系数、不透水层位置等。要求了解的工程性质主要是基坑（槽）形状、大小及深度，此外尚应了解设备条件，如井管长度、泵的抽吸能力等。

轻型井点布置包括平面布置与高程布置。平面布置即确定井点布置的形式、总管长度、井点管数量、水泵数量及位置等。高程布置则能确定井点管的埋置深度。

1. 平面布置

根据基坑（槽）形状，轻型井点可采用单排布置，适用于基坑、槽宽度小于 6m 且降水深度不超过 5m 的情况，如图 2-4（a）所示。双排布置，适用于基坑宽度大于 6m 或土质不良的情况，主要用于大面积基坑，如图 2-4（b）所示。环形布置，如图 2-4（c）所示。当土方施工机械须进出基坑时，也可采用 U 形布置，如图 2-4（d）所示。

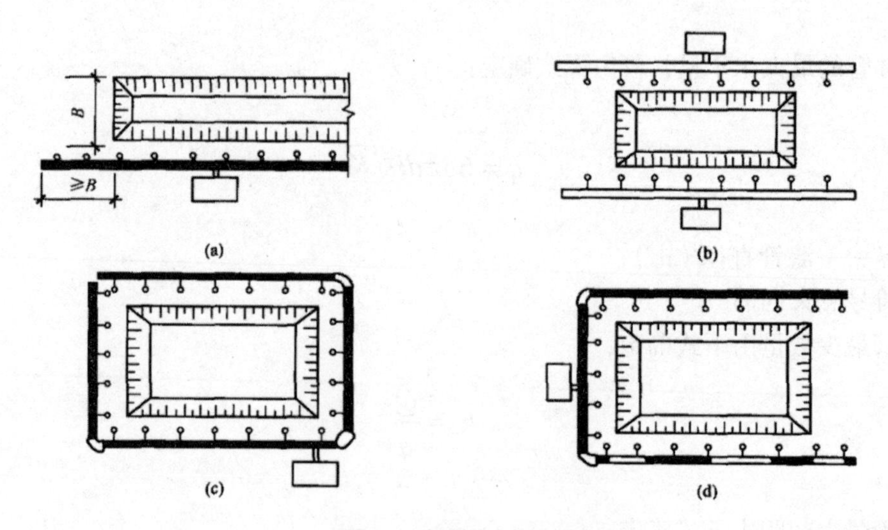

图 2-4　轻型井点的平面布置

（a）单排布置；（b）双排布置；

（c）环形布置；（d）U 形布置

2. 高程布置

井点管的入土深度应根据降水深度、储水层所在位置、集水总管的高程等决定，但必须将滤管埋入储水层内，并且比所挖基坑或沟槽底深 0.9 ～ 1.2m。集水总管标高应尽量接近地下水位线，并沿抽水水流方向有 0.25% ～ 0.5% 的上仰坡度，水泵轴心与总管齐平。

井点管埋深可按下式计算：

$$H' = H_1 + \Delta h + iL + l$$

式中 H'——井点管埋设深度（m）；

H_1——井点管埋设面至基坑底面的距离（m）；

Δh——降水后地下水位至基坑底面的安全距离（m），一般为 0.5 ～ 1m；

i——水力坡度，与土层渗透系数、地下水流量等因素有关，环状或双排井点可取 1/15 ～ 1/10，单排线状井点可取 1/4，环状井点外取 1/10 ～ 1/8；

L——井点管至水井中心的水平距离（m）；

l——滤管长度（m）。

轻型井点的降水深度一般不宜超过 6m，如果求出的 H 值大于 6m，则应降低井点管和抽水设备的埋置面。如仍不能达到对降水深度的要求，可采用二级井点或多级井点，以降低地下水位。

（四）轻型井点施工

轻型井点施工，大致包括准备工作、井点埋设、井点管使用及拆除。

1. 准备工作

准备工作包括井点设备、动力、水源及必要材料的准备，排水沟的开挖，附近建筑物的标高观测以及防止附近建筑物沉降措施的实施。

2. 井点埋设

埋设井点的程序是：先排放总管，再埋设井点管，用弯联管将井点与总管接通，然后安装抽水设备。

（1）射水法

在地面井点位置先挖一小坑，装吊射水式井点管，垂直插入坑中心，下有射水球阀，上接可旋转节管和高压胶管、水泵等。利用高压水在井管下端冲刷土层，使井管下沉，利用下端的锯齿形，在下沉时随时转动管子以增加下沉速度，同时避免射水口被泥淤塞。射水压力一般为0.4 ～ 0.6MPa，当为大颗粒砂粒时应在0.9 ～ 1.0MPa。井管沉至设计深度后，取下软管，再与集水总管连接，抽水时球阀可自动关闭。冲孔直径应不小于 300mm，冲孔深度应比滤水管深 0.5m 左右，以利沉泥，井管与孔壁间应及时用洁净的粗砂灌实，井点管要位于滤砂中间。灌砂时管内平面应同时上升，否则可注水于管内，水如很快下降，则认为埋管合格，良好的砂井是保证埋管质量的关键。

（2）冲孔

冲孔时，先用起重设备将冲管吊起并插在井点的位置上，然后开动高压水泵，将土冲松，冲管则边冲边沉。冲孔直径一般为 300mm，以保证井管四周有一定厚度的砂滤层，冲孔深度宜比滤管底深 0.5m 左右，以防冲管拔出时，部分土颗粒沉于底部而触及滤管底部。

井孔冲成后，立即拔出冲管，插入井点管，并在井点管与孔壁之间迅速填灌砂滤层，以防孔壁塌土。砂滤层的填灌质量是保证轻型井点顺利抽水的关键。一般宜选用干净的粗砂，填灌均匀，并填至滤管顶上 1 ~ 1.5m，以保证水流畅通。井点填砂后，须用黏土封口，以防漏气。

（3）套管法

用直径 150 ~ 200mm 的套管，用水冲法或振动水冲法沉至要求深度后，在孔底填一层砂砾，然后将井点管居中插入，套管与井点管之间分层填入粗砂，并逐步拔出套管。

所有井点管在地面以下 0.5 ~ 1.0m 的深度内，应用黏土填实以防止漏气。井点管埋设完毕，应接通总管与抽水设备进行试抽水，检查有无漏水、漏气，出水是否正常，有无淤塞等现象。如有异常情况，应检修好后方可使用。

3. 井点管使用及拆除

井点管使用时，应保证连续不断地抽水，并准备双电源，正常出水规律是“先大后小，先混后清”。如不上水，或水一直较浑，或呈现清后又浑等情况，应立即检查纠正。井点管淤塞，可通过听管内水流声、手扶管壁感到振动、夏冬时期手摸管子冷热及潮干情况等简便方法进行检查。如井点管淤塞太多，严重影响降水效果时，应逐个用高压水反复冲洗井点管或拔出重新埋设。

待工程管道安装并实施回填土后，方可拆除井点系统。井点系统的拔出可借助于倒链、杠杆式起重机，所留孔洞用砂或土填塞。

井点降水时，应对水位降低区域内的建筑物进行沉陷观测，发现沉陷或水平位移过大时，应及时采取防护技术措施。

四、喷射井点降水

喷射井点降水适用于渗透系数为 0.1 ~ 50m/d 的砂性土或淤泥质土的基坑中，降水深度可达 15 ~ 20m。在基坑开挖较深，对降水深度的要求大于 6m 或采用多级轻型井点较不经济时，也可采用喷射井点系统。

（一）喷射井点设备与工作原理

根据工作介质的不同，喷射井点可分为喷水井点和喷气井点两种，主要设备是由喷射井管、高压水泵或空气压缩机和管路系统组成。喷射井管由内管和外管组成，内管下端装有喷射器，并与滤管相连。喷射器由喷嘴、混合室、扩散室等组成。喷水井点是借喷射器的射流作用将地下水抽至地面的。

高压水泵一般采用流量为 50 ~ 80m^3/h 的多级高压水泵，每套能带动 20 ~ 30 根井点管。工作时，高压水经过内外管之间的环形空隙进入喷射器，由于喷嘴处截面突然缩小，高压水高速进入混合室，使混合室内压力降低，形成一定的真空，这时地下水被吸入混合室与高压水汇合，经扩散管由内管排出，流入集水池中，用水泵抽走一部分水，另一部分由高压水泵压往井管循环使用。如此不断地供给高压水，地下水便不断地被抽出，如图 2-5 所示。

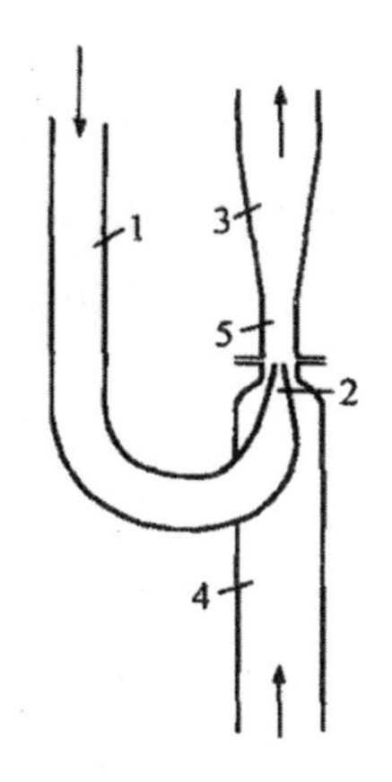

图 2-5　喷水井点工作原理

1—高压工作水管；2—喷嘴；3—扩散器；

4—井点管；5—混合室

如用压缩空气代替高压水，即为喷气井点。两种井点使用范围基本相同，但喷气井点较喷水井点的抽吸能力大，对喷射器的磨损也小，但喷气井点系统的气密性要求高。

（二）涌水量计算

喷射井点的涌水量计算及确定井点管数量与间距，抽水设备等均与轻型井点计算相同，水泵工作水需用压力按下式计算：

$$P=\frac{P_0}{a}$$

式中 P——水泵工作水压力；

P_0——扬水高度（m），即水箱至井管底部的总高度；

ϕ ——扬水高度与喷嘴前面工作水头之比。

混合室直径一般为 14mm，喷嘴直径为 5 ~ 6.5mm。

（三）喷射井点布置与埋设

喷射井点的管路布置及井点管埋设方法、要求均与轻型井点基本相同，喷射井管间距一般为 2 ~ 3m，冲孔直径为 400 ~ 600mm，深度比滤管底深 1m 以上。

喷射井点埋设时，宜用套管冲孔，加水及压缩空气排泥。当套管内含泥量小于 5% 时方可下井管及灌砂，然后再将套管拔起。下管时水泵应先开始运转，以便每下好一根井管，立即与总管接通（不接回水管），之后及时进行单根试抽排泥，并测定真空度，待井管出水变清后为止，地面测定真空度不宜小于 93 300Pa。

（四）喷射井点的使用

为防止损坏喷射井点的喷射器，应先对井管进行冲洗。开泵时，压力宜小于 0.3MPa，然后再使压力逐渐达到设计压力。当发现井管周围有翻砂、冒水等现象时，应立即关闭井管，并进行检修。工作用水应保持清洁，试抽 2d 后应更换集水池的清水，以减轻和避免水中杂质对喷嘴和叶轮的侵蚀。

五、电渗井点降水

包括黏性土、淤泥土及部分黏土在内的细粒土，由于它的透水性很低，采用轻型井点来降水，其效果很差，往往采用电渗井点降水。

（一）基本原理

在含水的土层中插入金属正电极，以井点管作为负极，接通直流电流后，土颗粒自负极向正极移动（电泳现象），水自正极向负极移动（电渗现象），使地下水流向井点管并由井点系统抽出排走。

在弱透水层中排出少量的水，就可以使地下水位降低。同时井点管沿基坑（槽）四周布置，可形成电渗围幕，又可阻止外部水进入已疏干的基坑（槽）内。

在阳极周围，离子交换等电化学作用，使土体硬化，强度提高，而且电渗水流自阳极向坑外排向阴极，产生与坑外地下水渗流相反的方向，使不利于坑壁稳定的渗流方向变成有利于稳定的方向。故对防流砂与滑坡十分有效。

（二）电渗井点的系统布置

在直流电作用下，土中水向阴极排出，即以轻型井点或喷射井点作为阴极。另在土中埋设 ϕ 20 ~ ϕ 32 钢筋或 ϕ 50 ~ ϕ 75 钢管作为阳极。阴极和阳极成对布置在边坡或围护结构的外侧，阳极在里，阴极在外。

阴阳两极之间的距离和深度。当用轻型井点时，宜为 0.8 ~ 1.2m；当采用喷射井点时宜为 1.2 ~ 2.0m。前后左右可布置成正方形。阳极深度宜大于井点深度 0.5 ~ 1.0m。

（三）电渗井点的安装与使用

电渗井点管的施工与轻型井点管相同。电路安装时，应安装电压表和电流表，以便操作时观察，电源必须设有接地。

直流电源常采用直流电焊机或硅整流电机，工作电压不宜大于 60V，在土中通电时的电流容重宜为 0.5 ~ 1.0A/m^2。通电前两极间地面宜处理干燥，以避免电流从土面通过。

安装完毕后，为避免大量电流从表面通过，降低电渗效果，通电前应将地面上的金属和其他导电物处理干净。作为阳极的钢筋或钢管在打入土中前，宜在不需要通电的部位(例如与砂层及地下水位以上土层对应的部位) 涂一层沥青，以减少耗电。

通电过程中，由于类似电解的作用，在阳极附近常有气体积聚，使电阻增大，耗电量增加。故通电 24h 后，宜停电 2 ~ 5h，间歇后再通电。

作为阳极的钢筋或钢管，通电过程中电蚀十分强烈，特别是下端接近阳极滤管部位。这一部位宜用粗钢筋，焊接于上段较细钢筋上。

运行过程中，应随时观察水位降落情况、电极周围温升情况、电压和电流的变化情况。如果运行几昼夜后，电流值降低超过了起始电流的 10%，应将电压降低，以免电极区范围土体过分疏干。随着土被疏干和地下水位降落，土和电极间电阻不断增加，使电渗作用减弱，为此应提高电压。

电渗井点系统的拆除与轻型井点相同。

六、深井井点降水

深井井点适用于涌水量大、降水较深的砂类土质，其降水深度可达 50m。

（一）深井系统的组成

深井泵井点的主要设备深井泵或深井潜水泵和井管滤网等。它包括井管、过滤管、出水管和抽水设备。其中井管按管材可以分为钢管、铸铁管、混凝土管，直径一般在 200mm 以上，长度根据实际井深确定。滤水管安装在井管的下部，长度为 3m 左右，采用钢管打孔，孔径为 8 ~ 12mm，沿过滤器外壁纵向焊接直径为 6 ~ 8mm 的钢筋作为垫筋，外缠 12 号镀锌钢丝，缠丝间距可取 1.5 ~ 2.5mm，垫筋应使缠丝距滤管外壁 2 ~ 4mm，在滤管的下端装沉砂管，长度 1 ~ 2m。抽水设备一般选用深井泵，若因水泵吸上真空高度的限制，也可选用潜水泵。出水管为排出地下水之用，一般选用钢管，管径根据抽水设备的出水口而定。

（二）深井井点的布置

深井井点一般沿基坑（槽）外围每隔一定距离设一个，间距为 10 ~ 50m。每个井点由一台抽水泵抽水，如抽水泵的抽水能力较大时，也可设集水总管，将相邻的井管连接在一起，使用同一台抽水泵。

（三）深井的安装和使用

深井钻孔可用钻孔机或水冲法，孔径宜大于井管直径 200mm，钻孔深度应根据抽水期内沉淀物可能沉积的高度适当加深。井管安放力求垂直。井管滤网放置在含水层适当的范围内，井管内径一般宜大于水泵外径 50mm，井管与土壁间填充料粒径应大于滤网的孔径。

深井泵的电动机座应安设平稳，转向严禁逆转（宜有阻逆装置），潜水泵的电缆应有可靠绝缘，安设水泵或调换新水泵前应先清洗滤井，冲除沉渣。

深井井点应设观测井，运行过程中，应经常对地下水的动态水位及排水量进行观测并做记录，一旦发现异常情况，应及时找出原因并排除故障。

深井井点使用完毕后，应及时拔出，冲洗干净，检修保养，供再次使用，拔除井管后的井孔应立即回填密实。

七、管井井点降水

管井井点适用于中砂、粗砂、砾砂、砾石等渗透系数大、地下水丰富的土、砂层或轻型井点不易解决的地方。

（一）管井井点系统的组成

管井井点系统由滤水井管、吸水管、抽水机等组成。

滤水井管的过滤部分，可用钢筋焊接骨架外包孔眼为 1 ~ 2mm 的滤网，长 2 ~ 3m，井管部分宜用直径 150 ~ 250mm 的钢管或其他竹、木、棕麻袋、混凝土等材料制成。吸水管宜用直径为 50 ~ 100mm 的胶皮管或钢管，其底端应沉入管井抽吸时最低水位以下。

（二）管井井点的布置

沿基坑外围每隔一定距离设置一个管井，每个管井埋设滤水井管，单独用一台水泵，尽可能设在最小吸程处，不断抽水来降低地下水位。滤水井管的埋设可采用泥浆护壁套管的钻孔法，钻孔直径比滤水井管外径大 150 ~ 250mm。井管下沉前应进行清孔，并保持滤网畅通，井管与土壁间用 3 ~ 15mm 的砾石填充作为过滤层。地面以下 0.5m 以内用黏土填充夯实。

管井的间距可取 10 ~ 50m，降水深度达 5m，当抽水机排水量大于单孔滤水井管涌水量数值时，则可另设集水总管，把相邻的相应数量的吸水管连接起来，共用一台抽水机。

（三）管井排水

管井排水操作时，应经常对电动机、传动机械、电流、电压等进行检查，并对管井内水位下降和流量进行观测和记录。

第二节　沟槽开挖

一、施工方案

沟槽开挖前，设计单位应根据施工需要，在充分掌握下列情况和有关资料的情况下，编制施工方案，并对现场施工单位进行技术交底。施工单位在接到施工方案后，应认真学习，仔细阅读，一旦发现施工图有错误，应及时向施工设计单位提出变更设计的要求。

施工设计方案应当根据以下情况制订：

施工现场的地形、地貌、建筑物、各种管线和其他设施的情况。

施工现场的地质概况和水文地质资料。包括土的类别、物理力学性能、地下水流向、静水位及其季节变化、不同土层厚度及其渗透系数、抽水影响半径等。在地表水水体或岸边施工时还应掌握河湖的季节水位、流速、流量、浪高、潮汐等资料。

气象资料，包括施工期的最高气温、最低气温、日温差、气温的季节变化、最大风力及其出现的季节等。

工程用地、交通运输及排水条件。排水条件主要是指地面坡度，径流方向，雨水、地下水的排泄地点等。

施工现场的供水、供电情况。

工程材料、施工机械供应条件，包括施工材料的供应时间与数量；施工机械则应了解主要施工机械的性能及其供应条件。

在地表水水体中或岸边施工时，应掌握地表水的水文和航运资料。在寒冷地区施工时，尚应掌握地表水的冻结及流冰的资料。

结合工程特点和现场条件的其他情况和资料。

二、沟槽开挖

（一）沟槽开挖的要求

1. 沟槽开挖的施工

沟槽施工平面布置图及开挖断面图。

沟槽形式、开挖方法及堆土要求。

施工设备机具的型号、数量及作业要求。

不良土质地段沟槽开挖时采取的护坡和防止沟槽坍塌的安全技术措施。

施工安全、文明施工、沿线管线及构（建）筑物保护要求等。

2. 沟槽底部的开挖宽度计算

沟槽底部的开挖宽度，应符合设计要求；设计无要求时，可按下式计算确定：

$$B = D_0 + 2(b_1 + b_2 + b_3)$$

式中 B——管道沟槽底部的开挖宽度（mm）；

D_0——管外径（mm）；

b_1——管道一侧的工作面宽度（mm），可按表 2-5 选取。

b_2——有支撑要求时，管道一侧的支撑厚度，可取 150 ~ 200mm；

b_3——现场浇筑混凝土或钢筋混凝土管渠一侧模板的厚度（mm）。

表 2-5　管道一侧的工作面宽度

管道的外径 D_0 /mm	管道一侧的工作面宽度 b_1 /mm		
	混凝土类管道		金属类管道、化学建材管道
$D_0 \leqslant 500$	刚性接口	400	300
	柔性接口	300	
$500 < D_0 \leqslant 1000$	刚性接口	500	400
	柔性接口	400	
$1000 < D_0 \leqslant 1500$	刚性接口	600	500
	柔性接口	500	
$1500 < D_0 \leqslant 3000$	刚性接口	800 ～ 1000	700
	柔性接口	600	

注：1 槽底须设排水沟时，b_1 应适当增加。

2 管道有现场施工的外防水层时，b_1 宜取 800mm。

3 采用机械回填管道侧面时，b_1 须满足机械作业的宽度要求。

3. 沟槽边坡最陡坡度

地质条件良好、土质均匀、地下水位低于沟槽底面高程，且开挖深度在 5m 以内、沟槽不设支撑时，沟槽边坡最陡坡度应符合表 2-6 的规定。

表 2-6　深度在 5m 以内的沟槽边坡的最陡坡度

土的类别	边坡坡度（高：宽）		
	坡顶无荷载	坡顶有静载	坡顶有动载
中密的砂土	1 ∶ 1.00	1 ∶ 1.25	1 ∶ 1.50
中密的碎石类土（填充物为砂土）	1 ∶ 0.75	1 ∶ 1.00	1 ∶ 1.25
硬塑的粉土	1 ∶ 0.67	1 ∶ 0.75	1 ∶ 1.00
中密的碎石类土（填充物为黏性土）	1 ∶ 0.50	1 ∶ 0.67	1 ∶ 0. 75
硬塑的粉质黏土、黏土	1 ∶ 0.33	1 ∶ 0.50	1 ∶ 0.67
老黄土	1 ∶ 0.10	1 ∶ 0.25	1 ∶ 0.33
软土（经井点降水后）	1 ∶ 1.00	—	—

注：1 当有成熟施工经验时，可不受本表限制。

2 在软土沟槽坡顶不宜设置静载；需要设置时，应对土的承载力和边坡的稳定性进行验算。

4. 沟槽每侧临时堆土或施加其他荷载规定

沟槽每侧临时堆土或施加其他荷载时，应符合下列规定：

不得影响建（构）筑物、各种管线和其他设施的安全。

不得掩埋消火栓、管道闸阀、雨水口、测量标志以及各种地下管道的井盖，且不得妨碍其正常使用。

堆土距沟槽边缘不小于 0.8m，且高度不应超过 1.5m；沟槽边堆置土方不得超过设计堆置高度。

5. 分层开挖的深度

沟槽挖深较大时，应确定分层开挖的深度，并符合下列规定：

人工开挖沟槽的槽深超过 3m 时应分层开挖，每层的深度不超过 2m。

人工开挖多层沟槽的层间留台宽度：放坡开槽时不应小于 0.8m，直槽时不应小于 0.5m，安装井点设备时不应小于 1.5m。

采用机械挖槽时，沟槽分层的深度应按机械性能确定。

6. 坡度板控制槽底高程和坡度

采用坡度板控制槽底高程和坡度时，应符合下列规定：

坡度板选用有一定刚度且不易变形的材料制作，其设置应牢固。

对于平面上呈直线的管道，坡度板设置的间距不宜大于 15m；对于曲线管道，坡度板间距应加密；井室位置、折点和变坡点处，应增设坡度板。

坡度板距槽底的高度不宜大于 3m。

7. 沟槽开挖

沟槽的开挖应符合下列规定：

沟槽的开挖断面应符合施工组织设计（方案）的要求。槽底原状地基土不得扰动，机械开挖时槽底应预留 200 ~ 300mm 土层，由人工开挖至设计高程，整平。

槽底不得受水浸泡或受冻，槽底局部扰动或受水浸泡时，宜采用天然级配砂砾石或石灰土回填；槽底扰动土层为湿陷性黄土时，应按设计要求进行地基处理。

槽底土层为杂填土、腐蚀性土时，应全部挖除并按设计要求进行地基处理。

槽壁平顺，边坡坡度符合施工方案的规定。

在沟槽边坡稳固后设置供施工人员上下沟槽的安全梯。

（二）沟槽断面的形式

沟槽的开挖断面应考虑管道结构的施工方便，确保工程质量和施工作业安全，开挖断面应具有一定的强度和稳定性，同时也应考虑少挖方、少占地、经济合理的原则。在了解开挖地段的土壤性质及地下水位情况后，可结合管径大小、埋管深度、施工季节、地下构筑物情况、施工现场及沟槽附近地上和地下构筑物的位置等因素，来选择开挖方法，合理确定沟槽开挖断面。常采用的沟槽断面形式有直槽、梯形槽、混合槽等，当有两条或多条管道共同埋设时，还应采用联合槽，如图 2-6 所示。

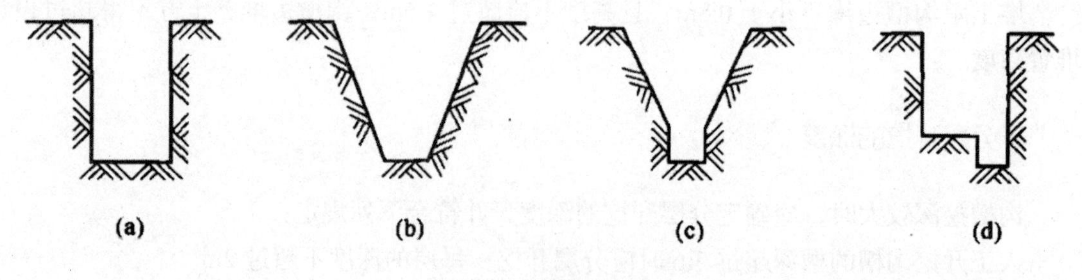

图 2-6　沟槽断面的形式

（a）直槽；（b）梯形槽；

（c）混合槽；（d）联合槽

直槽即沟槽的边坡基本为直坡。一般情况下，开挖断面的边坡小于 0.05，直槽断面常用于工期短、深度浅的小管径工程，如地下水位低于槽底，且直槽深度不超过 1.5m。

梯形槽（大开槽）即槽帮具有一定坡度的开挖断面，开挖断面槽帮放坡，不用支撑。槽底如在地下水位以下，目前多采用人工降低水位的施工方法，以便减少支撑。大开槽断面是应用较多的一种形式，尤其适用于机械开挖的施工方法。

混合槽即由直槽与大开梯形槽组合而成的多层开挖断面，较深的沟槽宜采用此种混合槽分层开挖断面。混合槽一般多用于深槽施工。采取混合槽施工时上部槽尽可能采用机械开挖，下部槽的开挖常应同时考虑采用排水及支撑等施工措施。

联合槽是由两条或多条管道共同埋设的沟槽，其断面形式要根据沟槽内埋设管道的位置、数量和各自的特点而定，多是由直槽或大开槽按照一定的形式组合而成的开挖断面。

（三）沟槽开挖的方法

1. 人工开挖

在小管径、土方量少或施工现场狭窄、地下障碍物多、不易采用机械挖土或深槽作业、底槽需支撑，无法采用机械挖土时，通常采用人工挖土。人工挖土使用的主要工具为铁锹、镐，主要施工工序为放线、开挖、修坡、清底等。

开挖深 2m 以内的沟槽，人工挖土与沟槽内出土宜结合在一起进行。较深的沟槽，宜分层开挖，每层开挖深度一般在 2 ~ 3m 为宜，利用层间留台人工倒土出土。在开挖过程中应应控制开挖断面将槽帮边坡挖出，槽帮边坡应不陡于规定坡度。

槽底土壤严禁扰动。挖槽在接近槽底时，要加强测量，注意清底，不要超挖。如果发生超挖，应按规定要求进行回填，槽底应保持平整，槽底高程及槽底中心每侧宽度均应符合设计要求。

沟槽开挖时应注意施工安全，操作人员应有足够的安全施工工作面，防止铁锹、镐伤人。槽帮上如有石块碎砖应及时清走。原沟槽每隔 50m 设一座梯子，上下沟槽应走梯子。在槽下作业的工人应戴安全帽。当在深沟内挖土清底时，沟上要有专人监护，注意沟壁的完好，确保作业的安全，防止沟壁塌方伤人。每日上下班前，应检查沟槽有无裂缝、坍塌等现象。

2. 机械开挖

为了减轻繁重的体力劳动，加快沟槽施工速度，提高劳动生产效率，目前多采用机械开挖、人工清底的施工方法。为了充分发挥机械施工的特点，提高机械利用率，保证安全生产，施工前的准备工作应做细，并合理选择施工机械。常用的挖土机械主要有推土机、单斗挖土机、多斗挖土机、装载机等。

机械挖槽，应保证槽底土壤不被扰动和破坏。一般来说，机械不可能准确地将槽底按规定高程整平，设计槽底以上宜留 20cm 左右不挖，而用人工清挖的施工方法。

采用机械挖槽时，应向机械作业驾驶员详细交底，交底内容一般包括挖槽断面（深度、槽帮坡度、宽度）的尺寸、堆土位置、电线高度、地下电缆、地下构筑物及施工要求，并根据情况会同机械操作人员制定安全生产措施后，方可进行施工。机械驾驶员进入施工现场后应听从现场指挥人员的指挥，对现场涉及机械、人员安全情况应及时提出意见，妥善解决，确保安全。

指定专人与机械作业驾驶员配合，保质保量，安全生产。其他配合人员应熟悉机械挖土有关安全操作规程，掌握沟槽开挖断面尺寸，计算出应挖深度，及时测量槽底高程和宽度，防止超挖和欠挖，经常查看沟槽有无裂缝、坍塌迹象，注意机械工作安全。

配合机械作业的土方辅助人员，如清底、平底、修坡人员应在机械的回转半径以外操作，如必须在半径以内工作时，如刨拨石块的人员，应在机械运转停止后再进入操作区。机上、机下人员应密切配合，当机械回转半径内有人时，严禁开动机器。

在地下电缆附近工作时，必须查清地下电缆的走向并做好明显的标志。采用挖土机挖土时应严格保持在 1m 以外距离工作。其他各类管线也应查清走向，开挖断面应在管线外保持一定距离，一般以 0.5 ~ 1m 为宜。

3. 沟槽堆土

在沟槽开挖之前，应根据施工环境、施工季节和作业方式，制订安全、易行、经济合理的堆土、弃土、回运土的施工方案及措施。

沟槽每侧临时堆土，不得影响建筑物、各种管线和其他设施的安全，不得掩埋消火栓、管道闸阀、雨水口、测量标志以及地下管道的井盖，并不得妨碍其正常使用。人工挖槽时，堆土高度不宜超过 1.5m，且距槽口边缘不宜小于 0.8m。

在靠近建筑物和墙堆土时，须对土压力与墙体结构承载力进行核算；一般较坚实的砌体，房屋堆土高度不超过檐高的 1/3，同时不超过 1.5m；严禁靠近危险房和危险墙堆土。

在城镇市区开槽堆土时，路面、渣土与下层好土分别堆放，堆土要整齐，便于路面回收利用及保证市容整洁；合理安排车辆、行人路线，保证交通安全。在适当的距离要留出运输交通路口；堆土高度不宜超过 2m；堆土坡度不陡于自然休止角。

尽量不要在高压线和变压器附近堆土。如必须堆土时应事先会同供电部门及有关单位勘察确定堆土方案，按供电部门的有关规定办理。要考虑堆、取土机械及行人攀缘的安全因素，也要考虑雨雪天的安全因素。

4. 雨期沟槽开挖

雨期沟槽开挖时，应充分考虑由于挖槽和堆土，会破坏原有排水系统造成排水不畅，应做好排出雨水的排水设施和系统。为防止雨水倒灌沟槽，一般采取如下措施：在沟槽四周的堆土缺口，如运料口、下管道口、便桥桥头等堆叠挡土，使其闭合成一道防线。在堆土向槽的一侧，应拍实，避免雨水冲塌，并挖排水沟，将汇集的雨水引向槽外。

由于特殊需要，或暴雨雨量集中时，还可以有计划地将雨水引入槽内，每 30m 左右做一泄水簸箕口，以免冲刷槽帮，同时还应采取防止塌槽、漂管等措施。

为防止沟槽槽底土壤扰动，可在槽底设计标高以上留 20cm 的保护层，同时，雨期尽量不要在靠近房屋、墙壁处施工。

5. 冬期沟槽开挖

冬期沟槽开挖应该采取必要的防冻措施。常用的防冻措施有松土防冻法和覆盖保温材料防冻法。

松土防冻法：在开挖沟槽每日收工前，不论沟槽是否见底均须预留一层翻松土壤防冻。

覆盖保温材料防冻法：在需挖土方或已挖完的土方沟槽上覆盖草垫、草帘子等保温材料，以使土基不受冻。

当冻结深度在 25cm 以内时，可使用一般中型挖土机进行挖掘；冻结深度在 40cm 以上时，可在推土机后面装上松土器，将冻土层破开。

6. 沟槽超挖的处理措施

沟槽超挖 15cm 以内，可用原土回填压实，压实度不低于原天然地基。

沟槽超挖大于 15cm、小于 100cm 时，可用石灰土分层压实，其相对密度不应低于 95%。

槽底有地下水或地基含水量大、扰动深度小于 80cm 时，可满槽挤入大块石，块石间用级配砂砾填严，块石挤入深度不应小于扰动深度的 80%。

槽底无地下水的松软地基，局部回填的坑、穴、井或挖掉的局部坚硬地基（老房基、桥基等）可先将其挖除，然后用天然级配砂石、白灰土或可压实的粘砂、粘砂类土分层压实回填，压实度不应小于 95%，处理深度不宜大于 100cm。

沟槽开挖局部遇有粉砂、细砂、亚砂及薄层砂质黏土，由于排水不利，发生地基扰动，深度在 80 ~ 200cm时，可采用群桩处理。群桩可由砂桩、木桩、钢筋混凝土桩构成，桩长应比扰动深度长 80 ~ 100cm。当地基扰动深度大于 200cm，可采用长桩处理，桩可用木桩、混凝土灌注桩或钢筋混凝土预制桩等构成承台基础处理。

（四）地基处理

管道地基应符合设计要求，管道天然地基的强度不能满足设计要求时应按设计要求加固。

槽底局部超挖或发生扰动时，处理应符合下列规定：

超挖深度不超过 150mm 时，可用挖槽原土回填夯实，其压实度不应低于原地基土的密实度。

槽底地基土壤含水量较大，不适于压实时，应采取换填等有效措施。

排水不良造成地基土扰动时，可按以下方法处理：

扰动深度在 100mm 以内，宜填天然级配砂石或砂砾处理。

扰动深度在 300mm 以内，但下部坚硬时，宜填卵石或块石，再用砾石填充空隙并找平表面。

设计要求换填时，应按要求清槽，并经检查合格；回填材料应符合设计要求或有关规定。

灰土地基、砂石地基和粉煤灰地基施工前必须按规定验槽并处理。

采用其他方法进行管道地基处理时，应满足国家有关规范的规定和设计要求。

柔性管道处理宜采用砂桩、搅拌桩等复合地基。

（五）质量验收标准

1. 主控项目

原状地基土不得扰动、受水浸泡或受冻。

检查方法：观察，检查施工记录。

地基承载力应满足设计要求。

检查方法：观察，检查地基承载力试验报告。

进行地基处理时，压实度、厚度应满足设计要求。

检查方法：按设计或规定要求进行检查，检查检测记录、试验报告。

2. 一般项目

沟槽开挖的允许偏差应符合表 2-7 的规定。

表 2-7　沟槽开挖的允许偏差

<table>
<tr><th rowspan="2">序号</th><th rowspan="2">检查项目</th><th colspan="2" rowspan="2">允许偏差 /mm</th><th colspan="2">检查数量</th><th rowspan="2">检查方法</th></tr>
<tr><th>范围</th><th>点数</th></tr>
<tr><td rowspan="2">1</td><td rowspan="2">槽底高程</td><td>土方</td><td>±20</td><td rowspan="2">两井之间</td><td rowspan="2">3</td><td rowspan="2">用水准仪测量</td></tr>
<tr><td>石方</td><td>＋20、－200</td></tr>
<tr><td>2</td><td>槽底中线每侧宽度</td><td colspan="2">不小于规定</td><td>两井之间</td><td>6</td><td>挂中线用钢尺量测，每侧计 3 点</td></tr>
<tr><td>3</td><td>沟槽边坡</td><td colspan="2">不陡于规定</td><td>两井之间</td><td>6</td><td>用坡度尺量测，每侧计 3 点</td></tr>
</table>

三、沟槽支撑

（一）基本要求

1. 撑板构件的规格尺寸

（1）木撑板构件规格

撑板厚度不宜小于 50mm，长度不宜小于 4m；

横梁或纵梁宜为方木，断面不宜小于 150mm × 150mm；

横撑宜为圆木，其梢径不宜小于 100mm。

（2）撑板支撑的横梁、纵梁和横撑布置

每根横梁或纵梁不得少于两根横撑；

横撑的水平间距宜为 1.5 ~ 2.0m；

横撑的垂直间距不宜大于 1.5m。

横撑影响下管时，应有相应的替撑措施或采用其他有效的支撑结构。

（3）撑板支撑

撑板支撑应随挖土及时安装。

（4）不稳定土层撑板支撑

在软土或其他不稳定土层中采用横排撑板支撑时，开始支撑的沟槽开挖深度不得超过 1.0m；开挖与支撑交替进行，每次交替的深度宜为 0.4 ~ 0.8m。

（5）横梁、纵梁和横撑的安装

横梁应水平，纵梁应垂直，且与撑板密贴，连接牢固；

横撑应水平，与横梁或纵梁垂直，且支紧、牢固；

采用横排撑板支撑，遇有柔性管道横穿沟槽时，管道下面的撑板上缘应紧贴管道安装，管道上面的撑板下缘距管道顶面不宜小于 100mm；

承托翻土板的横撑必须加固，翻土板的铺设应平整，与横撑的连接应牢固。

2. 采用钢板桩支撑

构件的规格尺寸须经计算确定。

通过计算确定钢板桩的入土深度和横撑的位置与断面。

采用型钢做横梁时，横梁与钢板桩之间的缝应采用木板垫实，横梁、横撑与钢板桩连接牢固。

3. 沟槽支撑

支撑应经常检查，发现支撑构件有弯曲、松动、移位或劈裂迹象时，应及时处理；雨期及春季解冻时期应加强检查。

拆除支撑前，应对沟槽两侧的建筑物、构筑物和槽壁进行安全检查，并应制定拆除支撑的作业要求和安全措施。

施工人员应由安全梯上下沟槽，不得攀登支撑。

4. 拆除撑板

支撑的拆除应与回填土的填筑高度配合进行，且在拆除后应及时回填。

对于设置排水沟的沟槽，应从两座相邻排水井的分水线向两端延伸拆除。

对于多层支撑沟槽，应待下层回填完成后再拆除其上层槽的支撑。

拆除单层密排撑板支撑时，应先回填至下层横撑底面，再拆除下层横撑，待回填至半槽以上，再拆除上层横撑；一次拆除有危险时，宜采取替换拆撑法拆除支撑。

5. 拆除钢板桩

在回填达到规定要求高度后，方可拔除钢板桩。

钢板桩拔除后应及时回填桩孔。

回填桩孔时应采取措施填实；采用砂灌回填时，非湿陷性黄土地区可冲水助沉；有地面沉降控制要求时，宜采取边拔桩边注浆等措施。

6. 支撑拆除

铺设柔性管道的沟槽，支撑的拆除应按设计要求进行。

（二）沟槽支撑的作用

在沟槽开挖时，为了缩小施工面，减少土方量或因受场地条件的限制不能放坡时，可采用沟槽支撑的方法施工。沟槽支撑结构的作用是在沟槽施工期间能够挡土挡水，以保证基槽开挖和基础结构施工能安全、顺利地进行，并在基础施工期间不对相邻的建筑物、道路和地下管线等产生危害。

支撑结构为起到上述作用，必须在强度、稳定性和变形等方面都满足要求。在沟槽开挖施工中，出于各种条件及原因，必须采用适当的方法对沟槽进行支撑，使槽壁不致坍塌，以便进行施工。支撑的荷载就是原土和地面荷载所产生的侧向压力。沟槽支撑与否应根据土质、地下水情况、槽深、槽宽、开挖方法、排水方法、地面荷载等因素确定。以下情况需要考虑采用支撑：

施工现场狭窄而沟槽土质较差，槽深较大时。

开挖直槽，土层地下水较多，槽深超过 1.5m，并采用表面排水方法时。

沟槽土质松软有坍塌的可能，或晾槽时间较长时，应根据具体情况考虑支撑。

沟槽槽边与地上建筑物的距离小于槽深时，应根据情况考虑支撑。

构筑物的基坑、施工操作工作坑为减少占地采用临时的基坑维护措施。如顶管工作坑内支撑、基坑的护壁支撑等。

（三）适用范围

支撑的荷载就是原土和地面荷载所产生的侧土压力。施工期间，沟槽支撑与否应根据土质、地下水情况、槽深、槽宽、开挖方法、排水方法、地面载荷等因素确定。在沟槽开挖施工中，往往出于下述五方面的原因，而必须采用适当的方法对沟槽进行支撑，使槽壁不致坍塌：

施工现场狭窄而沟槽土质较差，深度较大时。

开挖直槽，土层地下水较多，槽深超过 1.5m，并采用表面排水方法时。

沟槽土质松软有坍塌的可能，或晾槽时间较长时，应根据具体情况考虑支撑。

沟槽槽边与地上建筑物的距离小于槽深时，应根据情况考虑支撑。

为减少占地对构筑物的基坑、施工操作工作坑抗等采用的临时性基坑维护措施，如顶管工作坑内支撑、基坑的护壁支撑等。

（四）支撑计算

支撑计算是根据现场已有支撑构件的尺寸和规格进行计算，以调整支撑立柱和横撑之间的距离，并确定采取哪一种支撑形式。支撑计算也就是确定撑板、立柱和撑杠尺寸的计算。

1. 撑板计算

撑板也叫挡土板，分木制和金属制两种。木撑板不应有裂纹等缺陷；金属板由钢板焊接于槽钢上拼成，每块金属板的长度分为 2、4、6m 几种类型。撑板计算即是取撑板承受力最大的一块计算，视撑板为一简支梁。设立柱或横木的间距为 l_1，撑板的宽度为 b，厚度为 d，所承受的均布荷载为 Pb(kN / m)。则：

撑板的最大弯矩：

$$M_{\max} = \frac{PbL_1^2}{8}$$

撑板的抵抗矩：

$$W = \frac{bd^2}{6}$$

撑板的最大弯曲应力：

$$\sigma = \frac{M_{\max}}{W} = \frac{3Pl_1^2}{4d^2} \leqslant [\sigma_w]$$

式中 $[\sigma_w]$——材料容许弯曲应力。

2. 立柱计算

立柱多采用槽钢，其所受的荷载 q 等于撑板所传递的侧土压力，支点反力 R。计算时，可将各跨度之间的荷载简化为均匀荷载，假设在支座（横撑）处为简支梁，求其最大弯矩，校核最大弯曲应力。

3. 撑杠计算

撑杠为承受支柱或横木支点反力的压杆，由撑头和圆套管组成，如图 2-7 所示。撑头为一丝杠，以球铰连接于撑头板，带柄螺母套于丝杠。应用时，将撑头丝杠插入圆套管内，旋转带柄螺母，使撑头板紧压立柱。撑杠计算主要是计算其纵向弯曲压力，将抗压强度乘以轴心受压构件稳定系数φ即可。

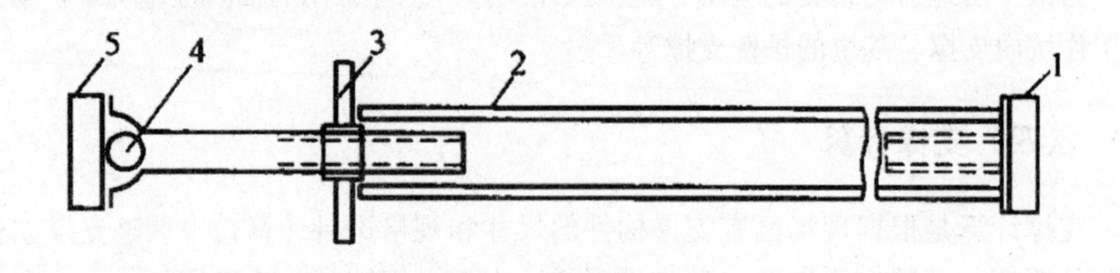

图 2-7　工具式撑杠

1—撑头板；2—圆套管；3—带柄螺母；

4—球铰；5—撑头板

施工现场常采用的支撑构件尺寸，见表 2-8；支撑构件的间距及适用范围，见表 2-9。

表 2-8　常用的支撑构件尺寸

名称	尺寸
木撑板	长 2 ~ 6m 宽 20 ~ 30cm 厚 5cm
横木截面	（10cm × 15cm）~（20cm × 20cm）（视槽宽而定）
立柱截面	（10cm × 10cm）~（20cm × 20cm）（视槽深而定）

表 2-9　支撑构件的间距及适用范围

<table>
<tr><th>名称</th><th>间距 / m</th><th>槽深 /m</th></tr>
<tr><td>立柱</td><td>1.5</td><td>≤ 4</td></tr>
<tr><td>断续式横撑</td><td>1.2</td><td rowspan="2">4 ~ 6</td></tr>
<tr><td>连续式横撑</td><td>1.5</td></tr>
<tr><td>立柱</td><td>1.5 ~ 1.2</td><td rowspan="2">6 ~ 10</td></tr>
<tr><td>撑杠（垂直）</td><td>1.2 ~ 1.0</td></tr>
</table>

（五）支撑类型

支撑是用来防止沟槽土壁坍塌的一种临时性挡土结构，由木材或钢材做成。常见的支撑形式有横撑、竖撑和板桩撑等类型，其结构应牢固可靠，而且必须符合强度和稳定性要求，同时也应便于支设和拆除及后续工序的操作。支撑材料要求质地和尺寸合格，保证施工安全；应在保证安全的前提下，节约用料。

1. 横撑

横撑式支撑多用于开挖较窄的沟槽，由挡土板、立柱和撑杠三部分组成。根据挡土板放置方式的不同，可分成水平撑板连续式和断续式两种。断续式横撑是撑板之间有间距；连续式横撑是各撑板间密接铺设。

断续式横撑适用于开挖湿度小的黏性土及挖土深度小于 3m 的沟槽；连续式横撑用于较潮湿的或散粒土及挖深不大于 5m 的沟槽。

2. 竖撑

竖撑式支撑多用于土质较差、地下水较多或有流砂的地方，挖土的深度可以不限。竖撑也是由挡土板、立柱和撑杠组成。竖撑的挡土板多垂直立放，然后每侧上下各放置方木（横木），再用撑木顶牢。

3. 板桩撑

开挖深度较大的沟槽和基坑，当地下水很多且有带走土粒的危险时，如未降低地下水位，可采用打设钢板桩撑法，如图 2-8 所示。

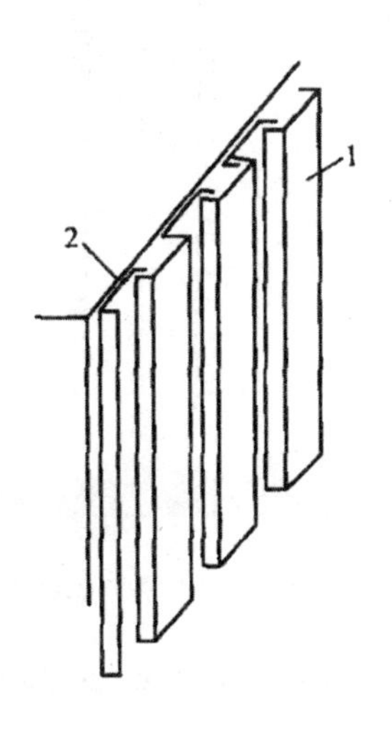

图 2-8　板桩撑

1——工具式横撑；2——竖直挡土板

板桩撑就是将板桩垂直打入槽底一定深度增加支撑强度，抵抗土压力，防止地下水及松土渗入，起到围护作用。板桩撑多用于地下水较多并有流砂的情况。板桩根据所用材料可分为木板桩、钢板桩以及钢筋混凝土板桩。

施工中，常用的钢板桩多是槽钢或工字钢，或用特制的钢桩板，其断面形式如图 2-9 所示。桩板与桩板之间均采用啮口连接，以便提高板桩撑的整体性和水密性。特殊断面桩板惯性矩大且桩板间啮合作用高，故常在重要工程上采用，其平面布置形式如图 2-10 所示。

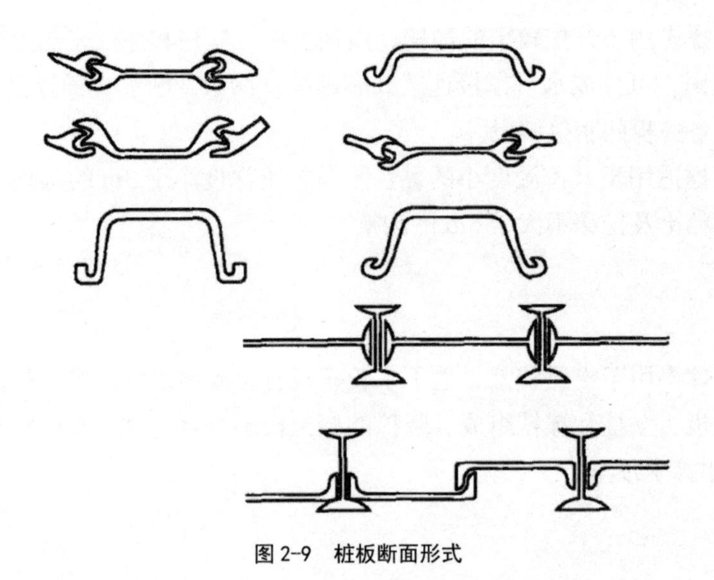

图 2-9　桩板断面形式

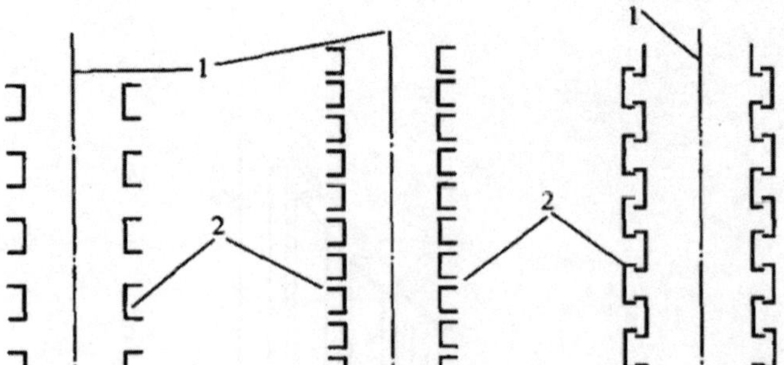

1
2
(a)　(b)　(c)

图 2-10　钢板桩支撑平面布置

（a）间隔排列；（b）无间隔排列；（c）咬口

1—沟槽中心线；2—钢板桩

桩板在沟槽或基坑开挖前用打桩机打入土中，在开挖及其后续工序作业中，始终起保证安全作用。板桩撑一般可不设横板和撑杠，但当桩板入土深度不足时，仍应辅以横板与撑杠。

4. 锚碇式支撑

在开挖较大基坑或使用机械挖土而不能安装撑杠时，可改用锚碇式支撑。锚桩必须设置在土的破坏范围以外，挡土板水平钉在柱桩的内侧，柱桩一端打入土内，上端用拉杆与锚桩拉紧，挡土板内侧回填土。

（六）支撑施工

挖槽挖到一定深度或到地下水位以下时，开始支设支撑，然后逐层开挖，逐层支设。支设程序一般为：首先支设撑板并要求紧贴槽壁，而后安设立柱（或横木）和撑杠，必须横平竖直，支设牢固。竖撑支设过程为：将撑板密排立贴在槽壁，再将横木在撑板上下两端支设并加撑杠固定。然后随着挖土，撑板底端高于槽底，再逐块将撑板锤打到槽底。根据土质，每次挖 50 ～ 60cm 深，将撑板下锤一次。撑板锤至槽底排水沟底为止。下锤撑板每到 1.2 ～ 1.5m，再加撑杠一道。

1. 木板支撑

以木板作为主要支撑材料，由横撑、垂直或水平垫板，水平或垂直撑板等组成，是应用较早的支撑方法。由于施工时不需任何机械设备，因而应用较广，操作也较为简便。

横撑是支撑架中的撑杆，长度和沟槽宽度有关，在条件许可的情况下，可用直径大于 10cm 的圆木或横截面 15cm × 15cm 的方木锯成和沟宽相应的长度。在两端下方垫托木，并用铁扒钉固定好。垫板是横撑和撑板之间的传力构件，按安置方法的不同，分水平垫板和垂直垫板。水平垫板和垂直撑板配套使用，垂直垫板和水平撑板配套使用。

撑板是直接同沟壁接触的支撑物，可分为水平撑板和垂直撑板。作为水平撑板，为了敷管时临时拆除的需要，它的长度应大于 5 ～ 6m，采用木料时的板厚为 5cm；垂直横撑比沟槽的深度略长，所用材料类别及尺寸同水平撑板。作为木质企口板桩时，板厚 6.5 ～ 7.5cm，不应有裂纹等缺陷。

2. 工字钢桩支撑

该支撑方法充分利用工字钢的构造及力学特性，是用工字钢作为立柱，中间夹放木板作为挡土板的一种钢木混合结构。

在沟槽开挖前，可先用螺旋钻孔机向下钻孔，通过钻杆转动钻头，螺旋钻头削土，被切土块随钻头旋转，沿着螺旋叶片上升被推出孔外，然后将工字钢打入地下，作为支撑立柱。该方法适用于一般均质黏性土，成孔孔径为 300 ～ 400mm，成孔深度为 7 ～ 8m，成孔后将工字钢垂直放入即可。

也可用打桩机将工字钢直接打入地下，打桩机可用落锤、汽锤或振动沉桩锤。还可根据打入工字钢长度换用桩架。该方法常用于多种土壤及有地下水的施工场所。

3. 板桩支撑

板桩是一种常用的支护结构，可用来抵抗土和水所产生的水平压力。当开挖的基坑较深、地下水位较高又有可能出现流砂现象时，可将板桩打入土中，使地下水在土中渗流的路线延长，降低水力坡度，阻止地下水渗入基坑内，从而防止流砂产生。钢板桩是应用最为广泛的一种支护结构，在临时工程中还可多次重复使用。

钢板桩是由带锁口或钳口的热轧型钢制成，把这种钢板桩互相连接就形成钢板桩墙，可用于挡土和挡水。常用的钢板桩有平板桩与波浪形板桩两类，如图 2-11 所示，根据有无设置锚碇结构，可分为无锚碇板桩和有锚碇板桩两类。

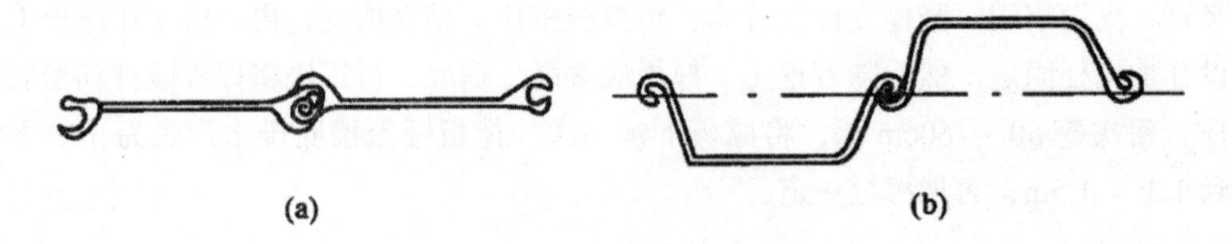

图 2-11　常用的钢板桩

（a）平板桩；（b）波浪形板桩（“拉森”板桩）

无锚碇板桩即为悬壁式板桩，对于土的性质、荷载大小等非常敏感，高度一般不大于 4m，仅适用于较浅的基坑土壁支护。有锚碇板桩是在板桩上部用拉锚装置加以固定，以提高板桩的支护能力。单锚板桩是常用的有锚碇桩的一种支护形式，钢板桩顶端通过横梁（槽钢）、钢拉杆，螺母固定在锚碇桩上，如图 2-12 所示。

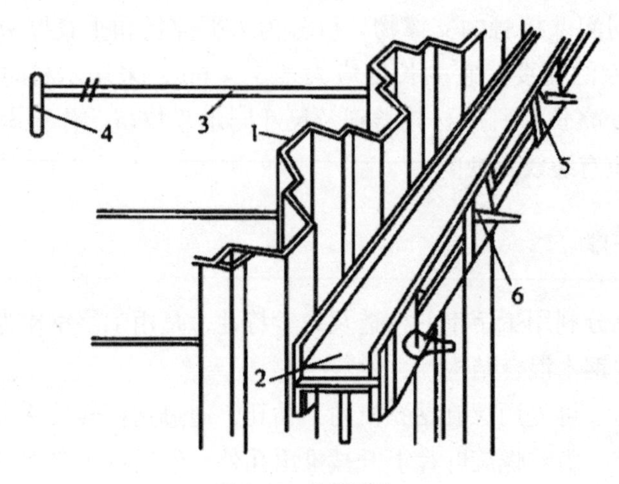

图 2-12　单锚板桩

1—钢板桩；2 横梁；3—钢拉杆；

4—锚碇桩；5—垫板；6—螺杆

板桩施工时要正确选择打桩方法、打桩机械和流水段划分，以便使打设后的板桩墙有足够的刚度和良好的挡水作用。

4. 土层锚杆

土层锚杆由锚头、拉杆和锚固体等组成。适用于沟槽开挖深度较深，受周围施工场地的限制，挡土桩顶端既不能做拉锚，又不能做悬壁桩的情况下。

土层锚杆一端插入土层中，另一端与挡土桩拉接，借助锚杆与土层的摩擦阻力产生的水平抗力来抵抗土的侧压力，维护挡土桩的稳定。施工时，先在基坑侧壁钻倾孔（沿水平线向下倾斜 10° ~ 45°），然后在孔中插入拉杆（螺纹钢筋、高强度钢丝束或钢绞线等），再灌注水泥砂浆，必要时进行预应力张拉锚固。

土层锚杆主要有一般灌浆锚杆、预压锚杆、预应力锚杆和扩孔锚杆四种类型。其中，扩孔锚杆主要用于松软土层中，主要因为它的钻孔端比较大。一般土层锚杆钻孔直径为 90 ~ 130mm，如采用特制的内部扩孔钻头扩大锚固段的钻孔直径，可将直径加大 3.5 倍，也可用炸药爆扩法扩大钻孔端头，以此来提高锚杆的抗拔力。

深基础施工中，采用挡土桩并加设单层或多层锚杆，在维护坑壁稳定、防止塌方、保证施工安全、改善施工条件、加快施工进度等方面起着很大作用。土层锚杆是一项新技术，在一些高层建筑深基础施工中，已成功应用，并取得了良好的效果。

（七）支撑拆除

沟槽内工作全部完成后，才可将支撑拆除。拆撑与沟槽回填同时进行，边填边拆。拆撑时必须注意安全，继续排出地下水，避免材料损耗。遇撑板和立柱较长时，可在还土后或倒撑后拆除。

应根据工程实际情况制定拆撑具体方法、步骤及安全措施等实施细则，并进行技术交底，以确保施工顺利进行。

沟槽内工作全部完成后，才可将支撑拆除。拆撑与沟槽回填同时进行，边填边拆支撑时必须注意安全，继续排出地下水，避免材料损耗。遇撑板和立木较长时，可在还土或倒撑后拆除。

拆撑前仔细检查沟槽两侧的建筑物、电杆及其他外露管道是否安全，必要时可进行加固。

采用排水井排水的沟槽，从两座排水井的分水岭向两端延伸拆除。

多层支撑的沟槽，应按自下而上的顺序逐层拆除，必须等下层槽拆撑还土完成后，再拆除其上层槽的支撑。

立排撑板支撑和板桩的拆除时，宜先填土夯实至下层横撑底面，再将下层横撑拆除，而后回填至半槽后再拆除上层横撑和撑板，最后用倒链或吊车将撑板或板桩间隔拔出，所遗留孔洞及时用砂灌实。

（八）质量验收标准

1. 主控项目

支撑方式、支撑材料应符合设计要求。
检查方法：观察，检查施工方案。
支护结构强度、刚度、稳定性应符合设计要求。
检查方法：观察，检查施工方案、施工记录。

2. 一般项目

横撑不得妨碍下管和稳管。
检查方法：观察。
支撑构件安装应牢固、安全可靠，位置正确。
检查方法：观察。
支撑后，沟槽中心线每侧的净宽不应小于施工方案设计要求。
检查方法：观察，用钢尺量测。
钢板桩的轴线位移不得大于 50mm；垂直度不得大于 1.5%。
检查方法：观察，用小线、垂球量测。

四、沟槽回填

（一）准备工作

预制管节的现浇混凝土基础强度、接口抹带或预制构件现场装配的接缝水泥砂浆强度不小于 5MPa。

现场浇筑混凝土管道的强度应达到设计规定。

混合结构的矩形管道或拱形管道，其砖石砌体水泥砂浆强度应达到设计规定；当管道顶板为预制盖板时，应装好盖板。

现场浇筑或预制构件现场装配的钢筋混凝土拱形管道或其他拱形管道应采取措施，确保回填时不发生位移或损伤。

压力管道水压试验前，除接口外，管道两侧及管身外顶以上回填高度不应小于 0.5m；水压试验合格后，应及时回填其余部分。

管径大于 900mm 的钢管道，必要时可采取措施控制管顶的竖向变形。

回填前必须将槽底杂物（草包、模板及支撑设备等）清理干净。

回填时沟槽内不得有积水，严禁带水回填。

（二）基本要求

1. 沟槽回填管道

压力管道水压试验前，除接口外，管道两侧及管顶以上回填高度不应小于0.5m；水压试验合格后，应及时回填沟槽的其余部分。

无压管道在闭水或闭气试验合格后应及时回填。

2. 管道沟槽回填

沟槽内砖、石、木块等杂物应清除干净。

沟槽内不得有积水。

保持降排水系统正常运行，不得带水回填。

3. 井室、雨水口及其他附属构筑物周围的回填

井室周围的回填，应与管道沟槽回填同时进行；不便同时进行时，应留台阶形接茬。

井室周围回填压实时应沿井室中心对称进行，且不得漏夯。

回填材料压实后应与井壁紧贴。

路面范围内的井室周围，应采用石灰土、砂、砂砾等材料回填，其回填宽度不宜小于400mm。

严禁在槽壁取土回填。

4. 回填材料

（1）采用土回填时，应符合下列规定：

①槽底至管顶以上500mm范围内，土中不得含有机物、冻土以及大于50mm的砖、石等硬块；在抹带接口处、防腐绝缘层或电缆周围，应采用细粒土回填；

②冬期回填时管顶以上500mm范围以外可均匀掺入冻土，其数量不得超过填土总体积的15%，且冻块尺寸不得超过100mm；

③回填土的含水量，宜按土类和采用的压实工具控制在最佳含水率 ±2% 范围内。

④采用石灰土、砂、砂砾等材料回填时，其质量应符合设计要求或有关标准规定。

5. 每层回填土的虚铺厚度

应根据所采用的压实机按表2-10的规定选取。

表 2-10　每层回填土的虚铺厚度

压实机具	虚铺厚度 /mm
木夯、铁夯	≤ 200
轻型压实设备	200 ~ 250
压路机	200 ~ 300
振动压路机	≤ 400

6. 回填要求

回填土或其他回填材料运入槽内时不得损伤管道及其接口。

根据每层虚铺厚度的用量将回填材料运至槽内，且不得在影响压实的范围内堆料。

管道两侧和管顶以上 500mm 范围内的回填材料，应由沟槽两侧对称运入槽内，不得直接回填在管道上；回填其他部位时，应均匀运入槽内，不得集中推入。

需要拌和的回填材料，应在运入槽内前拌和均匀，不得在槽内拌和。

7. 回填作业每层土的要求

回填作业每层土的压实遍数，按压实度要求、压实工具、虚铺厚度和含水量，应经现场试验确定。

8. 压实回填土最小厚度

采用重型压实机械压实或较重车辆在回填土上行驶时，管道顶部以上应有一定厚度的压实回填土，其最小厚度应按压实机械的规格和管道的设计承载力，通过计算确定。

9. 特殊土地沟槽回填

软土、湿陷性黄土、膨胀土、冻土等地区的沟槽回填，应符合设计要求和当地工程标准规定。

（三）刚性管道沟槽回填

回填压实应逐层进行，且不得损伤管道。

管道两侧和管顶以上 500mm 范围内胸腔夯实，应采用轻型压实机具，管道两侧压实面的高差不应超过 300mm。

管道基础为土弧基础时，应填实管道支撑角范围内腋角部位；压实时，管道两侧应对称进行，且不得使管道位移或损伤。

同一沟槽中有双排或多排管道的基础底面位于同一高程时，管道之间的回填压实应与管道与槽壁之间的回填压实对称进行。

同一沟槽中有双排或多排管道但基础底面的高程不同时，应先回填基础较低的沟槽；回填至较高基础底面高程后，再按上一款规定回填。

分段回填夯实时，相邻段的接茬应呈台阶形，且不得漏夯。

采用轻型压实设备时，应夯夯相连；采用压路机时，碾压的重叠宽度不得小于200mm。

采用压路机、振动压路机等压实机械压实时，行驶速度不得超过 2km/h。

接口工作坑回填时底部凹坑应先回填压实至管底，然后与沟槽同步回填。

（四）柔性管道沟槽回填

回填前，检查管道有无损伤或变形，有损伤的管道应修复或更换。

管内径大于 800mm 的柔性管道，回填施工时应在管内设有竖向支撑。

管基有效支承角范围应采用中粗砂填充密实，与管壁紧密接触，不得用土或其他材料填充。

管道半径以下回填时应采取防止管道上浮、位移的措施。

管道回填时间宜在一昼夜中气温最低时段，从管道两侧同时回填，同时夯实。

沟槽回填从管底基础部件开始到管顶以上 500mm 范围内，必须采用人工回填；管顶 500mm 以上部位，可用机械从管道轴线两侧同时夯实；每层回填高度应不大于 200mm。

管道位于车行道下，铺设后即修筑路面或管道位于软土地层以及低洼、沼泽、地下水位高地段时，沟槽回填宜先用中砂、粗砂将管底腋角部位填充密实后，再用中砂、粗砂分层回填到管顶以上 500mm。

回填作业的现场试验段长度应为一个井段或不少于 50m，因工程因素变化改变回填方式时，应重新进行现场试验。

柔性管道回填至设计高程时，应在 12 ~ 24h 内测量并记录管道变形率，管道变形率应符合设计要求；设计无要求时，钢管或球墨铸铁管道变形率应不超过 2%，化学建材管道变形率应不超过 3%；当超过时，应采取下列处理措施：

一是当钢管或球墨铸铁管道变形率超过 2%，但不超过 3% 时，化学建材管道变形率超过 3%，但不超过 5% 时，应采取下列处理措施：

挖出回填材料至露出管径 85% 处，管道周围内应人工挖掘以避免损伤管壁；

挖出管节局部有损伤时，应进行修复或更换；

重新夯实管道底部的回填材料；

选用适合的回填材料按有关规定回填施工，直至设计高程；

按本条规定重新检测管道变形率。

二是钢管或球墨铸铁管道的变形率超过3%时，化学建材管道变形率超过5%时，应挖出管道，并会同设计单位研究处理。

管道埋设的管顶覆土最小厚度应符合设计要求，且满足当地冻土层厚度要求；管顶覆土回填压实度达不到设计要求时应与设计单位协商进行处理。

（五）回填的注意事项

管道工程必须在隐蔽验收合格后及时回填。

管道两侧和管顶以上50cm的范围内还土，应由沟槽两侧对称进行，不得直接扔在管道上。

需要拌和的回填材料，应在运入槽内前拌和均匀，不得在槽内拌和。

管道基础为弧土基础时，管道与基础之间的三角区应填实。夯实时，管道两侧应对称进行，且不得使管道位移或损伤。

管顶上方覆土较薄，管道的承载能力较低，压实工具的荷载较大，或原土回填达不到要求的压实度时，可与设计单位协商采用石灰土、砂、砂砾等结构强度高或容易压实的材料回填，其压实度标准应由设计文件规定。为提高管道的承载能力，也可采取措施加固管道。

与本管线交叉的其他管线和构筑物，回填时，要妥善处理。

检查井、雨水口及其他井室周围的回填，应符合下列规定：

现场浇筑混凝土或砌体水泥砂浆强度应达到设计规定；

路面范围内的井室周围，应采用石灰土、砂、砂砾等材料回填，其宽度不宜小于40cm；

井室周围的回填，应与管道沟槽的回填同时进行；当不便同时进行时，应留台阶形接茬；

井室周围回填压实时应沿井室中心对称进行，且不得漏夯；

回填材料压实后应与井壁紧贴。

（六）质量验收标准

l. 主控项目

回填材料应符合设计要求：

检查方法：观察；按国家有关规范的规定和设计要求进行检查，检查检测报告。

检查数量：条件相同的回填材料，每铺筑1000m^2，应取样一次，每次取样至少应做两组测试；回填材料条件变化或来源变化时，应分别取样检测。

沟槽不得带水回填，回填应密实。

检查方法：观察，检查施工记录。

柔性管道的变形率不得超过设计要求或有关规定，管壁不得出现纵向隆起、环向扁平和其他变形情况。

检查方法：观察，方便时用钢尺直接量测，不方便时用圆度测试板或芯轴仪在管内拖拉量测管道变形率；检查记录，检查技术处理资料。

检查数量：试验段(或初始50m)不少于三处，每100m正常作业段(取起点、中间点、终点近处各一点)，每处平行测量三个断面，取其平均值。

2. 一般项目

回填应达到设计高程，表面应平整。

检查方法：观察，有疑问处用水准仪测量。

回填时管道及附属构筑物无损伤、沉降、位移。

检查方法：观察，有疑问处用水准仪测量。

第三节　下管施工

一、下管

（一）下管准备

1. 钢管的检查

钢管应有制造厂的合格证书，并证明是按国家标准检验的项目和结果。管子的钢号、直径、壁厚等应符合设计规定。

钢管应无明显锈蚀，无裂缝、脱皮等缺陷。

清除管内尘垢及其杂物，并将管口边缘的里外管壁擦抹干净。

检查管内喷砂层厚度及有无裂缝、空鼓等现象。

校正因碰撞而变形的管端，以使连接管口之间相吻合。

对钢制管件，如弯头、异径管、三通、法兰盘等须进行检查，其尺寸偏差应符合部颁标准。

检查石棉橡胶、橡胶、塑料等非金属垫片，均应质地柔韧，无老化变质，表面不应有折损、皱纹等缺陷。

绝缘防腐层应检查各层间有无气孔、裂纹和落入杂物。防腐层厚度可用钢针刺入检查，凡不符合质量要求和在检查中损坏的部位，应用相同的防腐材料修补。

2. 铸铁管的检查

检查铸铁管材、管件有无纵向、横向裂纹，以及严重的重皮脱层、夹砂及穿孔等缺陷。可用小锤轻轻敲打管口、管身，破裂处会发出嘶哑声。凡有破裂的管材不得使用。

对承口内部、插口外部的沥青可用气焊、喷灯烤掉，对飞刺和铸砂可用砂轮磨掉，或用錾子剔除。

承插口配合的环向间隙，应满足接口填料和打口的需要。

防腐层应完好，管内壁水泥砂浆无裂纹和脱落，缺陷处应及时修补。

检查管件、附件所用法兰盘、螺栓、垫片等材料，其规格应符合有关规定。

3. 沟槽检查

槽底是否有杂物：有杂物应清理干净，槽底如遇棺木、粪污等不洁之物，应清除干净并做地基处理，必要时须消毒。

槽底宽度及高程：应保证管道结构每侧的工作面宽度，槽底高程要经过检验，不合格时应进行修整或按规定处理。

槽帮是否有裂缝：如有裂缝及可能坍塌危险的部位，用摘除或支撑加固等方法处理。

槽边堆土高度：下管的一侧堆土过高、过陡者，应根据下管需要进行整理，并须符合安全要求。

地基、管基：如被扰动时，应进行处理；冬季施工管道不得铺设在冻土上。

4. 铺设方向

管子下沟时，一般以逆流方向铺设，当承插口连接时，有如下规定：

承口应朝向介质源的来向。

在坡度较大的斜坡区域，承口应朝上，以利于连接。

承口方向，应尽量与管道铺设方向一致。

5. 管道运输

管道运输应尽量在沟槽挖成以后进行。对质脆易裂的铸铁管在运输、吊装与卸载时，应严防碰撞，更不能从高空坠落于地面，以防铸铁管发生破裂。钢管在运输时，应根据钢管的不同特点选用不同的运输方式。当预料到气温等于或低于可搬运最低环境温度时，不得运输或搬运。对于煤焦油磁漆覆盖层较厚的钢管，由于它易被碰伤，因此应使用较宽的尼龙带吊具。

如用卡车运输，管道应放在表面为弧形的宽木支架上，紧固管道的钢丝绳等应衬垫好；运输过程中，应保证管道不互相碰撞。铁路运输时，所有管道应小心地装在垫好的管托或垫木上，所有的支承表面及装运栏栅应垫好，管节间要隔开，使它们相互不碰撞。塑料管在运输和下管时，要采取必要的措施，以防被划伤。

管道运输完成后，应将管道布置在管沟堆土的另一侧，管沟边缘与管外壁间的安全距离不得小于500mm。布管时，应注意首尾衔接。在街道布管时应尽量靠一侧布管，不要影响交通，避免车辆等损伤管道，并尽量缩短管道在道路上的放置时间。严禁先布管后挖沟，严禁将土、砖头、石块等压在管道上，损坏防腐层与管道，使管内进土等。

（二）下管方法

把管子从地面放到挖好的并已做基础的沟槽内叫作下管。一般分为人工下管和机械下管两种，亦可分为分散下管和集中下管两种方式。

应以施工安全、操作方便为原则，并根据工人操作的熟练程度、管径大小、每节管子的长度和重量、管材和接口强度、施工环境、沟槽深度及吊装设备供应条件等，合理地确定下管方法。在混凝土基础上安装管时，混凝土强度必须达到设计强度的50%才可下管。

1. 人工下管

当管径较小、管重较轻时，如陶土管、塑料管、直径为400mm以下的铸铁管、直径为600mm以下钢筋混凝土管，可采用人工方法下管。

大口径管，只有在缺乏吊装设备和现场条件不允许机械下管时，才采用人工下管。

当在管径小、重量轻、施工现场窄狭、不便于机械操作、工程量较小，而且机械供应有困难时，也应采用人工下管。

2. 机械下管

在管径大、自重大、沟槽深、工程量大、施工现场便于机械操作时，可采用机械下管的方法。

（1）单节下管

铸铁管和非金属管材，一般都采用单节下管。

（2）长串下管

长串下管施工中为了减少槽内接口的工作量，也可以在地面先将几节管子接口接好，再下管。接口的强度要能承受振动与挠曲，因此，长串下管主要用于焊接钢管和PE塑料管材。

3. 分散下管

下管一般都是沿着沟槽将管下到槽底，管下到槽内基本上就位于铺管的位置，应减少管子在沟槽内的搬动，这种方法称为分散下管。

4. 集中下管

如果沟槽旁场地狭窄，两侧堆土，或沟槽内设有支撑，分散下管不便，或槽底宽度大，便于槽内运输时，则可选择适宜的几处集中下管，再在槽内将管分散就位，这种方法称集中下管。

二、人工下管

人工下管应以施工方便、操作安全为原则，可根据工人操作的熟练程度、管子重量、管子长短、施工条件、沟槽深浅等因素，考虑采用何种人工下管法。

（一）立管溜管法

利用大绳及绳钩由管内钩住管端，人拉紧大绳的一端，管子立向顺槽边溜下的下管方法，如图 2-13 所示。直径为 150 ~ 200mm 的混凝土管可用绳钩住管端直接顺槽边吊下。直径为 400 ~ 600mm 的混凝土管及钢筋混凝土管，可用绳钩住管端，沿靠于槽帮的杉木溜下。为保护管子不受磕碰，可在杉木底部垫麻袋、草袋、砂土等。

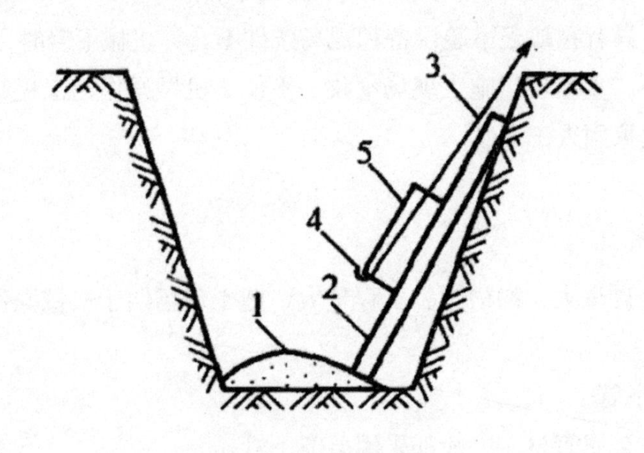

图 2-13　立管溜管法

1—草袋；2—杉木溜子；

3—大绳；4—绳钩；5—管子

（二）贯绳法

贯绳法适用于管径小于 300mm 的混凝土管、缸瓦管。用一端带有铁钩的绳子钩住管子一端，绳子另一端由人工徐徐放松，直至将管子放入槽底。

（三）压绳下管法

压绳下管法是一种最常用的人工下管方法，适用于管径为 400 ~ 800mm 的中小型管子，方法较为灵活且经济实用。

下管时，在沟槽上边打入两根撬棍，分别套住一根下管大绳，绳子一端用脚踩牢，用手拉住绳子的另一端，听从一人号令，徐徐放松绳子，直至将管子放至沟槽底部。当管子自重大，一根撬棍摩擦力不能克服管子自重时，两边可各多打入一根撬棍，以增加大绳的摩擦阻力。

（四）竖管压绳下管法

当管径较大时，如大于 900mm 的钢筋混凝土管等，可采用此方法。

此方法是将绳子一端固定拴在管柱上，另一端绕过管子也拴在管柱上，利用绳子间的摩擦力控制下管速度，同时也可在下管处槽部开挖一条下管马道。其坡度应不比 1 ： 1 更陡，宽度一般为管长加 50mm。管子沿马道慢慢下到沟槽内。下管时，管前、两侧及槽下均不得有人，下管时槽底及马道口处应垫草袋，以减小冲撞，此法操作安全。当管径较大时，也可设置两个立管做管柱使操作更安全、稳妥。

应事先在距沟边一定距离处直立埋下半截（不小于 1.0m 深）混凝土管，管中用土填实，管柱外围认真填土夯实，管柱一般选用所要安装的钢筋混凝土管即可。

（五）吊链下管法

吊链下管法，如图 2-14 所示。采用此法时，要先在下管位置沟槽上搭设吊链架或干管架，吊链通过架的滑轮下管。用型钢、方木、圆木横跨沟槽上搭设平台。平台必须具有承受管重及下管工作要求的承载能力。下管时，应先将管子摊至平台上，用木楔将管子楔紧，严防管子走动，工作平台下严禁站人。用吊链将管子吊起，随后撤出方木圆木，管子即可徐徐下到槽底。此法也可用于长串下管法，优点是省力，容易操作，但工作效率低，多用于下较大的闸门、三通等管件。

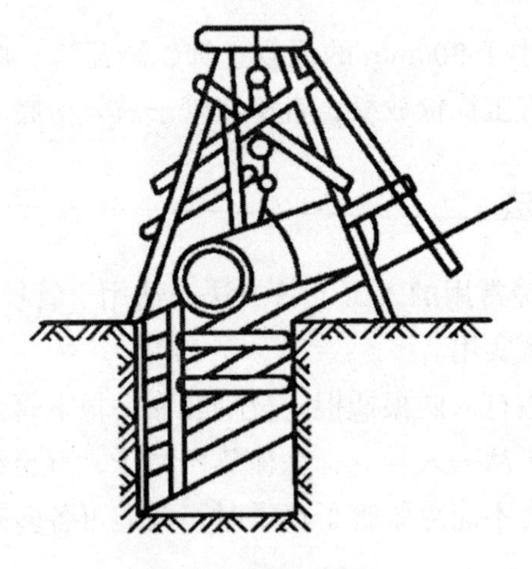

图 2-14　吊链下管法

（六）塔架下管法

先在沟槽上口铺设横跨沟槽的方木，然后将管节滚至方木上，利用塔架上的吊链将管节吊起，再撤去架设的方木，操作葫芦或卷扬机使管节徐徐下至沟槽底。为防止下管过猛，撞坏管节或平基，可先在平基上铺一层草垫子，再顺铺两块撑板。该方法适用于较大管径的集中下管。

使用该方法下管时，塔架各承脚应用木板支设牢固、平稳，较高的塔架，应有晃绳。塔架劈开程度较大时，塔架底脚应有绊绳。下管用的大绳应质地坚固、不断股、不糟朽、无夹心，其直径选择可参照表 2-11。

表 2-11　下管用大绳截面直径 /mm

管子直径			大绳截面直径
铸铁管	预应力钢筋混凝土管	钢筋混凝土管	
≤ 300 350 ~ 500 600 ~ 800 900 ~ 1000 1100 ~ 1200	≤ 200 300 400 ~ 500 600 800	≤ 400 500 ~ 700 800 ~ 1000 1100 ~ 1250 1350 ~ 1500 1600 ~ 1800	20 25 30 38 44 50

三、机械下管

机械下管速度快、施工安全，并且可以减轻工人的劳动强度，能提高生产效率。因此，只要施工现场条件允许，就应尽量采用机械下管法。机械下管一般采用履带式起重机或汽车式起重机，如图 2-15 所示。

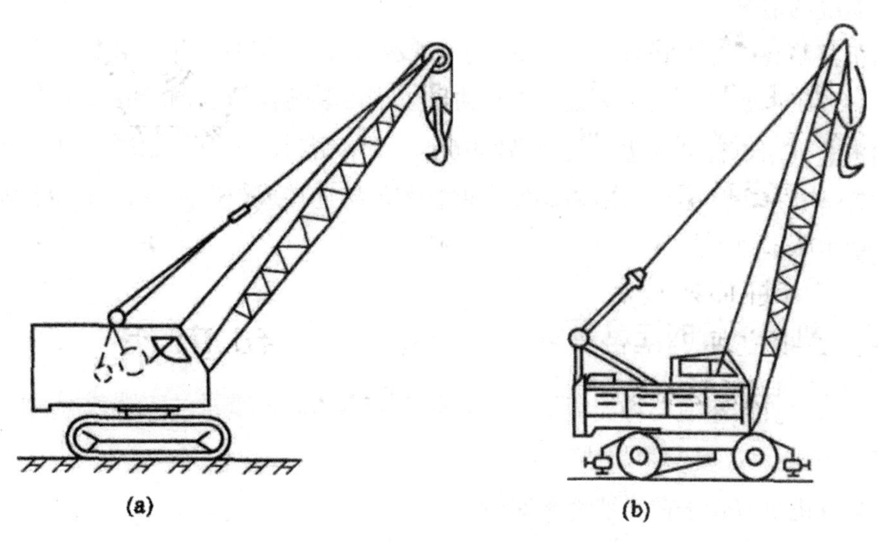

图 2-15　下管用起重机

（a）履带式起重机；（b）汽车式起重机

下管时，机械沿沟槽移动，因此，土方开挖最好单侧堆土，另一侧作为下管机械的工作面。若必须双侧堆土时，其一侧的土方与沟槽之间应有足够的机械行走和保证沟槽不致塌方的距离。若采用集中下管，也可以在堆土时每隔一定距离留设豁口，让起重机在堆土豁口处进行下管操作。

（一）单节下管

下管时，起重机沿沟槽开行。起重机起吊或搬运管材、配件时，对于法兰盘面、非金属管材承插口工作面、金属管防腐层等，均应采取保护措施。应找好重心采用两腿吊，吊绳与管道的夹角不宜小于 45°。起吊过程中，应平吊平放，勿使管道倾斜，以免发生危险。如使用轮胎式起重机，作业前应将支腿撑好，支腿距槽边要有 2m 以上的距离，必要时应在支腿下垫木板。

根据管子重量和沟槽断面尺寸选择下管所用的起重机的起重量和起重杆长度。起重杆外伸长度应能把管子送到沟槽中央。管子在地面的堆放地点最好也在起重机的工作半径范围内。为保证安全，下管前应制定安全技术措施，检查起重索和夹具。

（二）长管段下管

采用机械下管时，一般情况下是单根下管，在具有足够强度的管材和接口的条件下，也可以采用组合下管法（长串下管法）。

采用组合下管法时，应考虑防止出现由于起吊重量大及下管时管子受力不均匀而可能引起接口裂缝的情况。

使用机械吊装组合下管时，一般用于下长段钢管，每段管长可达数十米。一个管段吊装所用的起重机不要多于三台，太多不易协作。当吊装铸铁管或钢筋混凝土管时，如是刚性接口则不宜采用组合下管法，因极易影响接口的水密封，一般只能吊一根。吊绳接管位置应在使管身处于中间正负力矩相等处。钢管节焊接连接成长串管段，可用两到三台起重机联合起重下管。

（三）机械下管的注意事项

轮胎式起重机作业前要将支腿撑好，轮胎不应承担起吊重量。支腿或履带距槽边的距离一般不小于 2m，必要时须承垫方木。

严禁起重机吊着管子在斜坡地来回转动。

吊装下管时不应采用一点起吊，应找好重心，两点起吊，平吊轻放。

各点绳索规格应根据被吊管节的重量通过计算确定。绳索的受力大小不但和管节的重量有关，而且和绳索与管节的夹角 α 有关，α 越小，绳索受力越大，因此 α 角宜大于 45°，如图 2-16 所示。

起吊时，速度应均匀，回转应平稳，下落时低速轻放，不得忽快忽慢和突然制动。

严禁在被吊管节上站人。槽下施工人员必须远离下管处，以免发生人员伤亡事故。

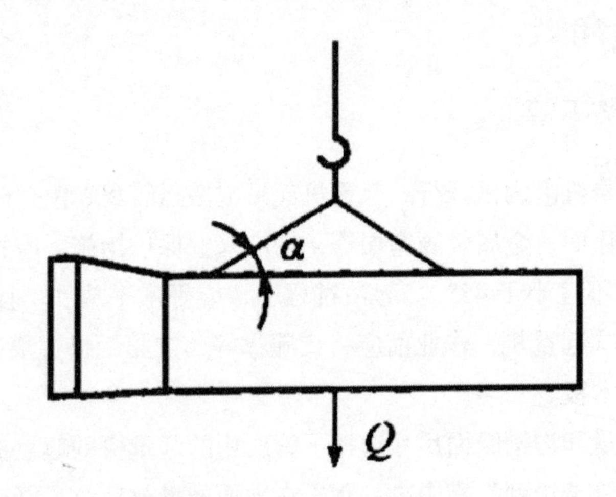

图 2-16　吊钩受力图

起重臂回转半径范围内严禁站人和车辆通行，起重臂或绳索、吊钩以及被吊管节必须与架空线按规定保持一定的安全距离。

四、槽内运管

管道下管有两种方式，一种是分散下管，另一种是集中下管。

分散下管是将管道沿沟槽边顺序排列，依次下到沟槽内，这种下管形式避免了槽内运管，多用于较小管径、无支撑等有利于分散下管的环境条件。

集中下管则是将管道相对集中地下到沟槽内某处，然后将管道再运送到沟槽内所需要的位置，因此，集中下管必须进行槽内运管。该下管方式一般用于管径较大、沟槽两侧堆土、场地狭窄或沟槽内有支撑等情况。由于在槽下，特别是在支撑槽的槽下，使用机械运管非常困难，故这一工作一般都是由人工来完成。

（一）运管准备

为防止管道与地基发生碰撞而损坏，可在地基顺管道运送的方向铺好撑板。

应事前把地基清扫干净，如地基是混凝土浇筑而成的，其强度应达到 5MPa 以上。

如模板与地基相平，可先不拆除模板，以保证地基棱角的完整，待运送结束后再行拆除。

在支撑槽下工作时，倒撑须牢固可靠，最低一排横撑不得低于管顶 20cm。

（二）槽内运管方法

1. 人工横推法

当管道直径在 700mm 以上时，一般采用人工横推法，如图 2-17 所示。转管时，可在管道下面垫一薄钢板，使管身略高出平基面，操作人员扭动管身至正确方向为止。推管时，应有专人指挥，做到前后呼应，使管道安全就位。

图 2-17　人工横推法

2. 滚杠竖推法

当管径小于700mm时，沟槽较窄，管节转不过来，故采用滚杠竖推法，如图2-18所示。

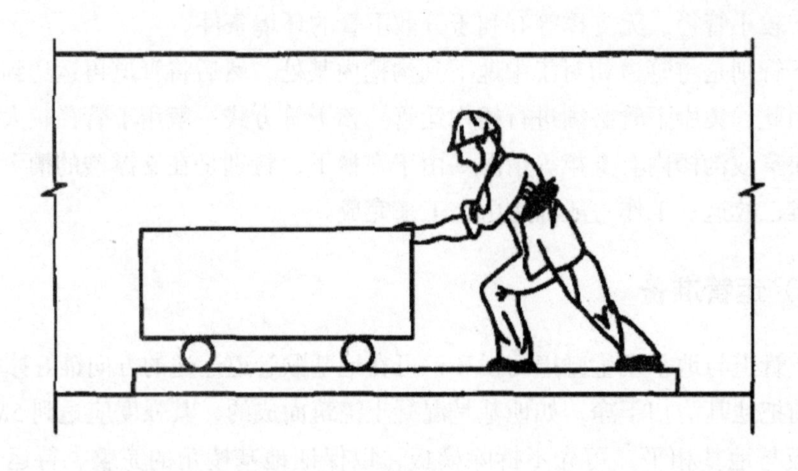

图2-18 滚杠竖推法

在下管处预先放2～3根直径为50mm的钢管，作为滚杠，长度40～60cm。下管时，先将管道轻轻放在滚杠上，然后开始推管。推管中，后面滚杠退出后，再在管前填入滚杠，当管道即将就位时，不再继续填滚杠，直至滚杠全部退出为止。

不论采用人工横推法或滚杠竖推法，推管内不准站人，速度要慢。通过横撑时，要注意头和手不发生挤伤事故。管道就位后，在管道两侧应用石块打眼垫牢，以防发生错位。

五、排管施工

对承插接口的管道，一般情况下宜使承口迎着来水方向排列，这样可以减小水流对接口填料的冲刷，避免接口漏水；在斜坡地区铺管，以承口朝上坡（地形的高端）为宜。

但在实际工程中，考虑到施工的方便，在局部地段，有时亦可采用承口背着水流方向排列。若顾及排管方向要求，分支管配件连接应采用图2-19（a）所示方法为宜，但自闸门后面的插盘短管的插口与下游管段承口连接时，必须在下游管段插口处设置一根横木做后背，其后续每连接一根管子，均应设置一根横木，安装十分麻烦。如果采用图2-19(b)所示分支管配件连接方式，其分支管虽然为承口背着水流方向排管，但其上承盘短管的承口与下游管段的插口连接，以及后续各节管子连接时均无须设置横木做后背，施工十分方便。

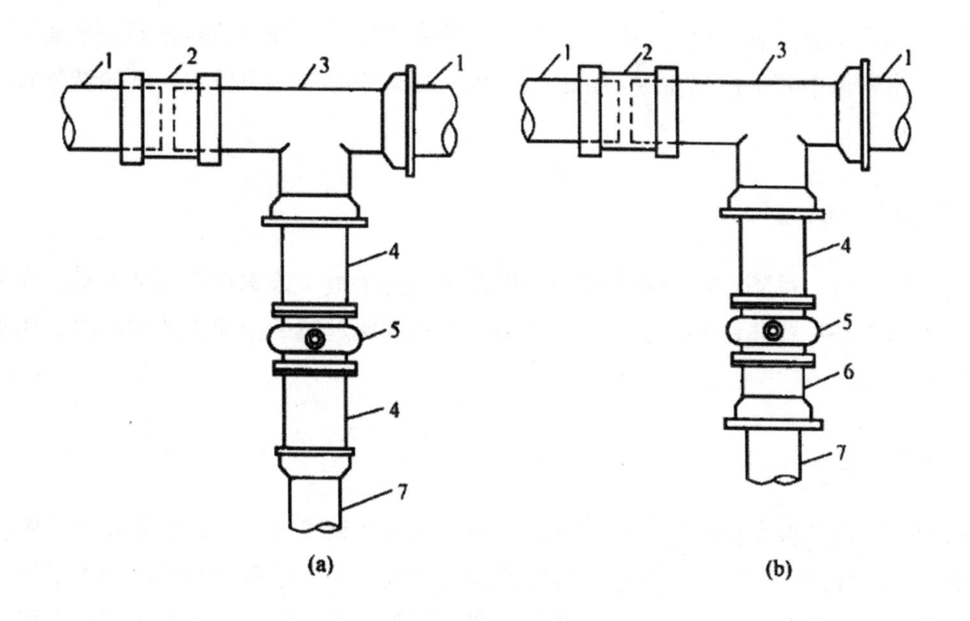

图 2-19　干管上引接分支管线节点详图

（a）分支管承口顺水流方向；（b）分支管承口背水流方向

1—原建干管；2—套管；3—异径三通；

4—插盘短管；5—闸门；6—承盘短管；7—新接支管

六、稳管施工

稳管就是将管道按设计高程与平面位置稳定在地基或基础上。管道应放在管沟中心，其允许偏差不得大于 100mm。管道应稳妥地安放在管沟中，管下不得有悬空现象，以防管道承受附加应力，这就需要加大对管道位置的控制。

管道位置控制，不仅包括管道轴线位置控制和管道高程控制，还应包括管道承插接口的排列方向，间隙以及管道的转角和借距，重力流管道的水力要素与管道铺设的坡度更有直接的关系，因此，管道的位置控制对保证管道功能的正常发挥以及设计要求的实现，具有重要意义。

（一）稳管方向

对承插接口的管道，一般情况下宜使承口迎着水流方向排列，这样可以减少水流对接口填料的冲刷，避免接口漏水；在斜坡地区铺管，以承口朝上坡为宜。

但在管道工程实际施工中，往往基于施工的方便，在局部地段也可采用承口背着水流的方向排列。

（二）管道轴线

管道轴线位置控制，也就是对中，即使管道中心线与设计中心线在同一平面上。对中质量在排水管道中要求控制在 ±15mm 范围内，如果中心线偏离较大，则应调整管子，直至符合要求为止。

1. 埋设坡度板

在沟槽上口，每隔一定距离埋设一块横跨沟槽的木板，该木板即为坡度板。在坡度板上找到管道中心位置并钉上中心钉，用 20mm 左右的铅丝拉一根通长的中心线，用垂球将中心线移至槽底。

2. 中心线法

即通过埋设的坡度板进行找中的方法，由于该方法精确度较高，故而在施工中应用最为广泛。在已埋设坡度板的情况下，可在拟稳管中放入一个带有中心刻度的水平尺。当垂球的尖端或垂线对准水平尺的中心刻度时，则表明管子已经对中。若垂线在水平尺中心刻度左边时，表明管子向右偏离；若垂线在水平尺中心刻度右边时，表明管子向左偏离；须调整管子使其居中为止。

3. 边线法

边线法进行对中作业时，就是将坡度板上的定位钉钉在管道外皮的垂直面上。操作时，只要管子向左或向右稍一移动，管道的外皮就恰好碰到两坡度板间定位钉连线的垂线。

边线法对中速度较快，操作较方便，只是对管道管壁厚度和规格要求甚严，均应一致。

（三）转角与借距

排管时，当遇到地形起伏变化较大、新旧管道接通或跨越其他地下设施等情况时，可采用管道反弯借高找正作业。一般情况下，可采用 90° 弯头、45° 弯头、22.5° 弯头、11.25° 弯头进行管道转弯；如果弯曲角度小于 11° 时，则可采用管道自弯借转作业。

1. 弯头斜边长

施工中，管道反弯借高主要是在已知借高高度 H 值的条件下，求出弯头中心斜边长 L 值，并以 L 值作为控制尺寸进行管道反弯借高作业。

L 值的计算公式如下：

当采用 45° 弯头时：$L_1 = 1.414 \times H$（m）

当采用 22.5° 弯头时：$L_2=2.611\times H$（m）
当采用 11.25° 弯头时：$L_3=5.128\times H$（m）

2. 自弯借转类型

管道自弯借转作业分水平自弯借转、垂直自弯借转以及任意方向的自弯借转。

（四）管道高程

通常采用在坡度板上钉高程钉的方法来进行对高作业，以控制或调整管道的高程或坡度，如图 2-20 所示。

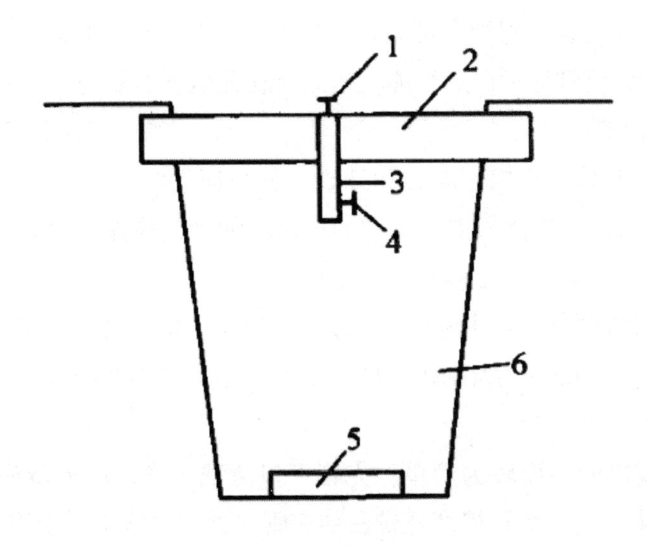

图 2-20　对高作业

1—中心钉；2—坡度板；3—立板；

4—高程钉；5—管道基础；6—沟槽

稳管时，可在坡度板上标出高程钉，相邻两块坡度板的高程钉分别到管底标高的垂直距离相等，则两高程钉之间连线的坡度就等于管底坡度，该连线称作坡度线。坡度线上任意一点到管底的垂直距离为一个常数，称作对高数。

进行对高作业时，使用丁字形对高尺。尺上刻有坡度线与管底之间距离的标记，即为对高读数。将高程尺垂直放在管内底中心位置（当以管顶高程为基础选择常数时，高程尺应放在管顶），调整管子高程，当高程尺上的刻度与坡度线重合时，表明管内底高程正确，否则须采取挖填沟底方法予以调正。值得注意的是坡度线不宜太长，应防止坡度线下垂，影响管道高程。

七、管道接口

给水排水管道的密闭性和耐久性，在很大程度上取决于管道接口的连接质量，因此，管道接口应具有足够的强度和不透水性，能抵抗污水和地下水的侵蚀，并富有一定的弹性。根据接口弹性大小的不同，可以将管道接口分为柔性接口和刚性接口两大类。

（一）柔性接口

常用的柔性接口有石棉沥青带接口、沥青麻布接口和沥青砂浆灌口三种。

1. 石棉沥青带接口

石棉沥青带接口是以石棉沥青带为止水材料，以沥青砂浆为黏结剂的柔性接口，具有一定的抗弯性能、防腐性能和严密性能，适用于在无地下水的地基上铺设无压管道。

（1）石棉沥青带

石棉沥青带一般是由石棉、沥青和细砂三种材制卷制而成，制作较为简单，先是将沥青熔至 180℃左右，直接倒入混合均匀的石棉和细砂，搅拌均匀后，再倒入模具冷却成型。其配合比为沥青：石棉：细砂 = 7.5 ：1 ：1.5。

沥青带的宽度应在设计时确定，如无要求时，可根据管道直径确定。管径小于 900mm 时，带宽为 150mm；管径大于 900mm 时，带宽为 200mm。

（2）接口制作

石棉沥青带接口的制作较为简单，先把管口清洗干净，涂上冷底子油，再涂一层约 3mm 厚的沥青砂浆，然后将石棉沥青带黏结在管口处，再涂上一层厚 3 ~ 5mm 的沥青砂浆即可。

2. 沥青麻布接口

沥青麻布接口是由沥青、汽油和麻布构成的柔性接口，常用于无地下水或地基不均匀、沉降不太严重的污水管道。

（1）冷底子油

冷底子油为沥青和汽油的混合物，其配比为 30 号沥青：汽油 = 3 ：7。制作时，先将沥青加热至 160℃ ~ 180℃，除去杂质，然后冷却至 70℃ ~ 90℃，加入汽油搅拌均匀即可。

（2）麻布

麻布也称玻璃布，在管道接口制作时，应先将麻布浸入冷底子油中，待其完全浸透后，再拿出来晾干，然后截成需要的宽度。一般在设计时已有规定，如无规定，可参考表 2-12。

表 2-12　麻布宽度 /mm

管道直径	宽度
≤ 900	一层 250 二层 200 三层 150
> 900	一层 300 二层 250 三层 200

（3）接口制作

先将管口刷洗干净，晾干后涂一层冷底子油，然后涂一层热沥青，包一层玻璃布；再涂一层热沥青，再包一层玻璃布，连续涂四层油布和三道防水层，最后用铅丝绑牢。

3. 沥青砂浆灌口

采用沥青砂浆灌口时，对沥青砂浆的要求较高，其配合比常由试验确定，以求出最佳黏度的配合比。在施工中，常用的配合比为沥青：石棉粉：砂 = 3 ：2 ：5。

管道接口时，先在管口处涂上一层冷底子油，然后用模具定型。模具顶部灌口的宽度和厚度可根据管径的大小而确定，若管径不大于 900mm 时，灌口宽为 150mm，厚为 20mm；管径大于 900mm，则灌口宽为 200mm，厚为 25mm。将熬制好的沥青砂浆自灌口处一边缓缓注入。为保证沥青砂浆更好地流动，可用细竹片不停地加以搅动插捣，以助流动。接口应一次性浇筑完成，以免产生接缝。当沥青砂浆已经初凝，不再流动，能维持管带形状时，即可拆模。

如管道接口出现蜂窝、孔洞等，若在管道上方或侧面，可用喷灯烧熔缺陷周围，再以沥青砂浆填满。若缺陷发生在管道下方，则可在烧熔缺陷周围的沥青砂浆处支以半模，重新灌入沥青砂浆。

（二）刚性接口

1. 水泥砂浆抹带接口

水泥砂浆抹带接口属于刚性接口，适用于地基土质较好的雨水管道。制作方法是先将管口凿毛，除去灰粉，露出粗骨料，并用水洇湿；再用砂浆填入管缝并压实，使表面略低于管外皮，接着刷一道水泥素浆，宽 8 ~ 15cm；然后用抹子抹第一层管箍，只压实，不压光。操作时可掺少许防水材料，以提高管道的抗渗能力。接着用弧形抹子自下而上抹第二层管箍，形成弧形接口。待初凝后，用抹子赶光压实，直至表面不露砂为止。

如果管径大于 600mm，可进入管内操作。当在管内进行勾缝或做内箍时，宜采用三层做法，即刷水泥浆一道，抹水泥浆填管缝，再刷水泥浆一道并压光。如管子与平基接触的一段没有接口材料，应单独处理，称为做底箍，即在安装后的管内将管口底部凿毛，清理干净后填入砂浆压实。管箍抹完后，用湿纸覆盖，3 ~ 4h 后加一层草袋片，设专人浇水养护。

圆弧形水泥砂浆抹带，水泥砂浆配合比为水泥：砂 = 1 ： 2.5，水灰比为 0.4 ~ 0.5，带宽为 120 ~ 150mm，带厚约为 30mm。

2. 钢丝网水泥砂浆抹带接口

钢丝网水泥砂浆抹带接口也是刚性接口的一种重要形式，常用在排水管道中，接口断面常为矩形或梯形，平均宽度为 200mm，厚度为 25mm。钢丝网常用 20 号。镀锌钢丝编成 10mm × 10mm 孔眼的钢丝网，再根据需要剪成适当的宽度和长度。制作方法同水泥砂浆大致相同，也是先将管口外皮表面凿毛，除去破粉，露出粗骨料，并用水洇湿，再用砂浆填满管缝并压实，接着在管口处刷一道宽 25cm 的水泥浆。

用抹子抹的第一层砂浆应与管外壁粘牢、压实，厚度控制在 15mm 左右，再将两片钢丝网包拢并尽量挤入砂浆中，两张网片的搭接长度不小于 100mm，并须用钢丝绑牢。埋入管座的钢丝长度为：管径小于或等于 600mm，埋入长度不小于 100mm；管径大于 600mm，埋入长度不小于 150mm。

待第一层砂浆初凝以后，开始抹第二层砂浆，按照抹带宽度和厚度要求，用抹子赶光压实，不允许钢丝和绑扎钢丝露在抹带外面。完成后，也应盖上一层草袋片，并设专人浇水养护。

第三章　城市给水管道工程开槽施工技术

第一节　给水管道系统的组成

给水系统是指由取水、输水、水质处理、配水等设施以一定的方式组合而成的总体。通常由取水构筑物、水处理构筑物、泵站、输水管道、配水管网和调节构筑物六部分组成，如图 3-1 所示，其中输水管道和配水管网构成给水管道工程。根据水源的不同，一般有地表水源给水系统（图 3-1）和地下水源给水系统（图 3-2）两种形式。在一个城市中，可以单独采用地表水源给水系统或地下水源给水系统，也可以两种系统并存。

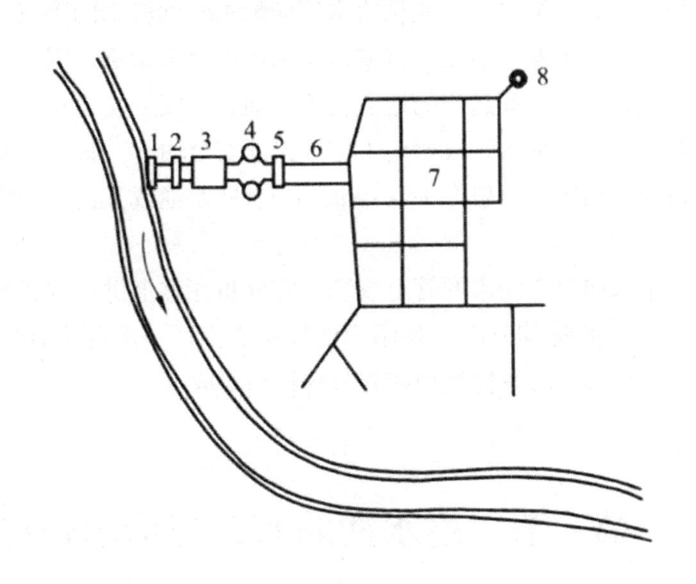

图 3-1　地表水源给水系统

1—取水构筑物；2—一级泵站；3—水处理构筑物；

4—清水池；5—二级泵站；

6—输水管；7—配水管网；8—调节构筑物

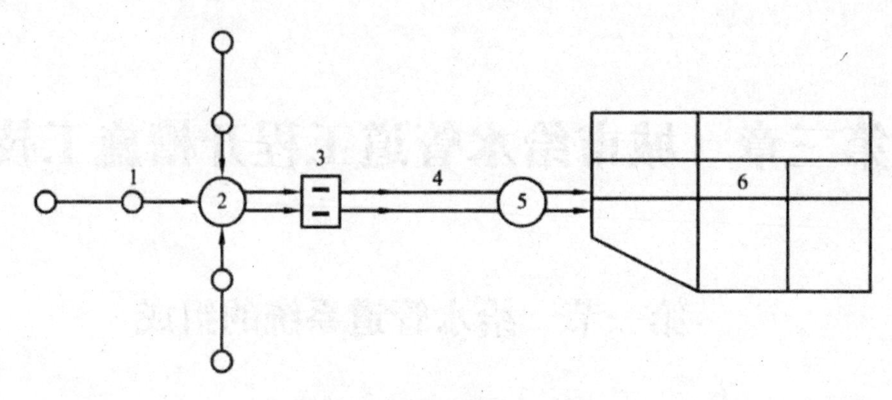

图 3-2　地下水源给水系统

1—井群；2—集水池；3—泵站；

4—输水管；5—水塔；6—配水管网

给水管道工程的主要任务是将符合用户要求的水（成品水）输送和分配到各用户，一般通过泵站、输水管道、配水管网和调节构筑物等设施共同工作来完成。

输水管道是从水源向给水厂，或从给水厂向配水管网输水的管道，其主要特征是不向沿线两侧配水。输水管道发生事故将对城市供水产生巨大影响，因此，输水管道一般都采用两条平行的管线，并在中间适当的地点设置连通管，安装切换阀门，以便其中一条输水管道发生故障时由另一条平行管段替代工作，保证安全输水，其供水保证率一般为 70%。阀门间距视管道长度而定，一般在 1 ~ 4km。当有储水池或其他安全供水措施时，也可修建一条。

配水管网是用来向用户配水的管道系统。它分布在整个供水区域的范围内，接收输水管道输送来的水量，并将其分配到各用户的接管点上。一般配水管网由配水干管、连接管、配水支管、分配管、附属构筑物和调节构筑物组成。

第二节　给水网的布置与给水管材

一、给水网的布置

（一）布置原则

给水管网的主要作用是保证供给用户所需的水量，保证配水管网有适宜的水压，保证供水水质并不间断供水。因此，给水管网布置时应遵守以下原则：

根据城市总体规划，结合当地实际情况进行布置，并进行多方案的技术经济比较，择优定案。

管线应均匀地分布在整个给水区域内，保证用户有足够的水量和水压，水质在输送的过程中不遭受污染。

力求管线短捷，尽量不穿或少穿障碍物，以节约投资。

保证供水安全可靠，事故时应尽量不间断供水或尽可能缩小断水范围。

尽量减少拆迁，少占农田或不占良田。

便于管道的施工、运行和维护管理。

要远近期结合，考虑分期建设的可能性，既要满足近期建设需要，又要考虑远期的发展，留有充分的发展余地。

（二）布置形式

城市给水管网的布置主要受水源地地形、城市地形、城市道路、用户位置及分布情况、水源及调节构筑物的位置、城市障碍物情况、用户对给水的要求等因素的影响。一般给水管道尽量布置在地形高处，沿道路平行敷设，尽量不穿障碍物，以节省投资和减少供水成本。

根据水源地和给水区的地形情况，输水管道有以下三种布置形式：

1. 重力系统

本系统适用于水源地地形高于给水区，并且高差可以保证以经济的造价输送所需水量的情况。此时，清水池中的水可以靠自身的重力，经重力输水管送入给水厂，经处理后将成品水再送入配水管网，供用户使用。

如水源水质满足用户要求，也可经重力输水管直接进入配水管网，供用户使用。该输水系统无动力消耗，管理方便，运行经济。当地形高差很大时为降低供水压力，可在中途设置减压水池，形成多级重力输水系统，如图 3-3 所示。

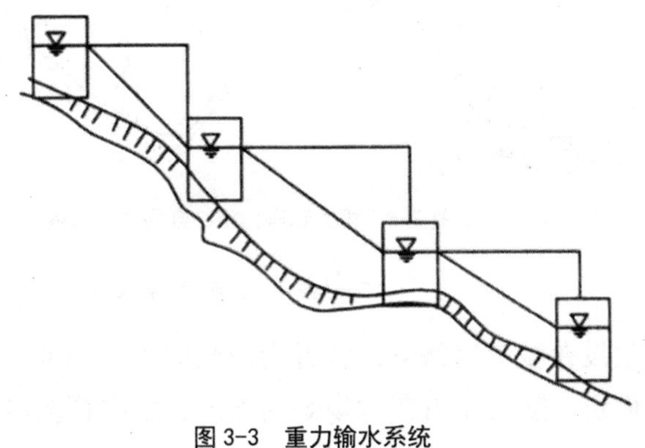

图 3-3　重力输水系统

2. 泵送系统

本系统适用于水源地与给水区的地形高差不能保证以经济的造价输送所需的水量，或水源地地形低于给水区地形的情况。此时，水源（或清水池）中的水必须由泵站加压经输水管送至水厂进行处理，或送至配水管网供用户使用。该输水系统需要消耗大量的动力，供水成本较高，如图 3-4 所示。

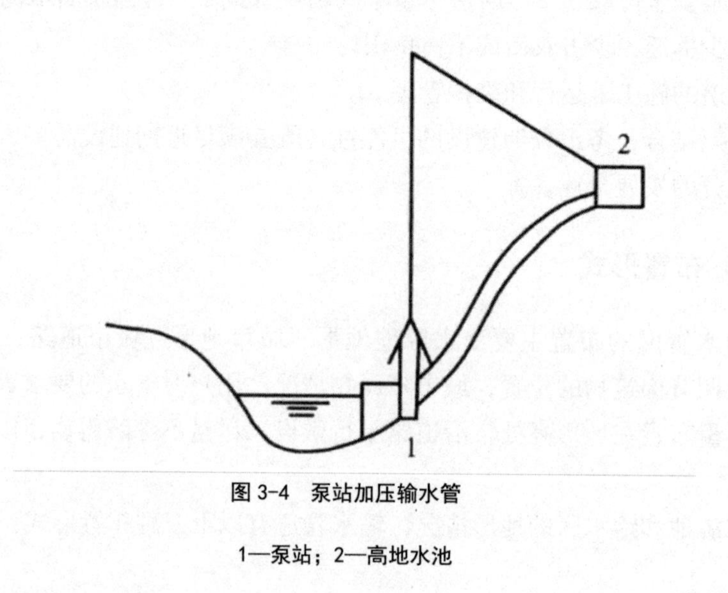

图 3-4 泵站加压输水管

1—泵站；2—高地水池

3. 重力、压力输水相结合的输水系统

在地形复杂且输水距离较长时，往往采用重力和压力相结合的输水方式，以充分利用地形条件，节约供水成本。该方式在大型的长距离输水管道中应用较为广泛，如图 3-5 所示。

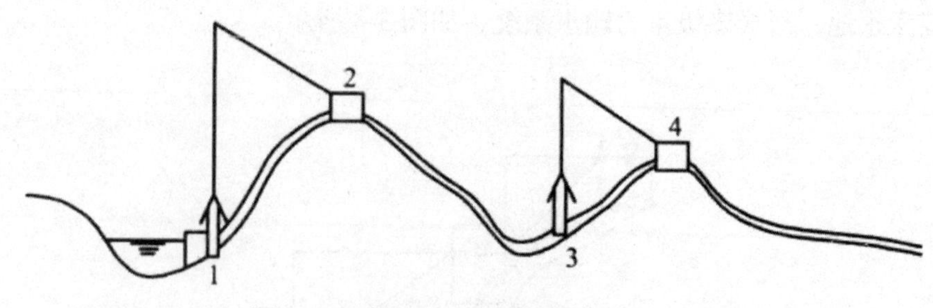

图 3-5 重力和压力相结合的输水系统

1、3—泵站；2、4—高地水池

配水管网一般敷设在城市道路下，就近为两侧的用户配水。因此，配水管网的形状应随城市路网的形状而定。随着城市路网规划的不同，配水管网可以有多种布置形式，但一般可归结为枝状管网和环状管网两种布置形式。

（1）枝状管网

枝状管网是因从二级泵站或水塔到用户的管线布置类似树枝状而得名。其干管和支管分明，管径由泵站或水塔到用户逐渐减小，如图 3-6 所示。

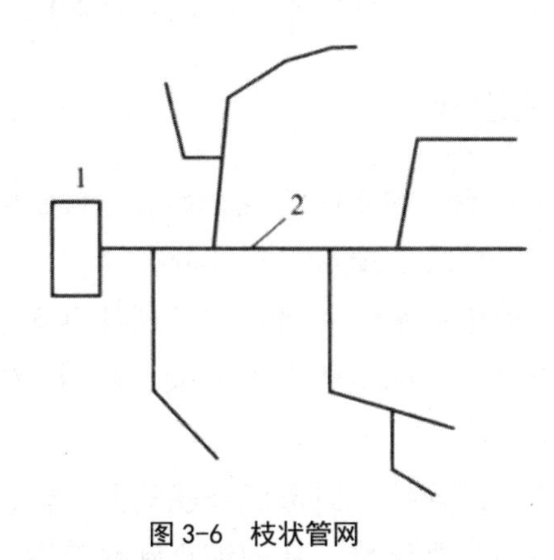

图 3-6　枝状管网

1—二级泵站；2—管网

树状管网的特点：管线短，管网布置简单，投资少；可靠性差，在管网末端水量小，水流速度缓慢，甚至停滞不动，容易使水质变坏。

（2）环状管网

管网中的管道纵横相互接通，形成环状，如图 3-7 所示。

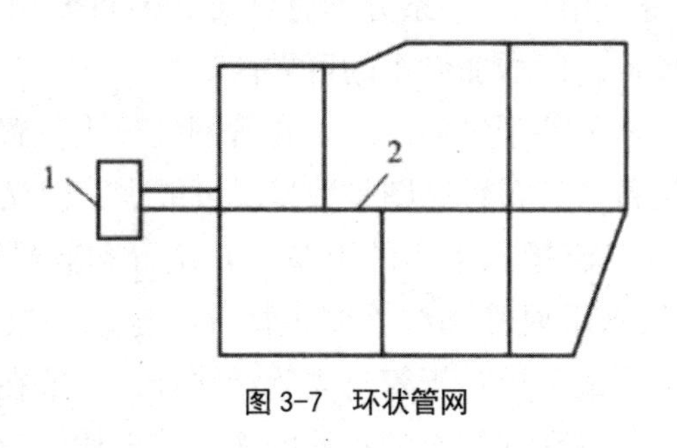

图 3-7　环状管网

1—二级泵站；2—管网

环状管网的特点：管网供水的可靠性高，能削弱水锤，安全性高；管线长，布置复杂，投资多。

水锤：在突然停电或者阀门关闭太快时，由于压力水流惯性，会产生水流冲击波。

（三）布置要求

输水管道应采用相同管径和管材的平行管线，间距宜为 2 ~ 5m，中间用管道连通。连通管的间距视输水管道的长度而定：

当输水管道长度小于 3km 时，间距为 1 ~ 1.5km；

当输水管道长度在 3 ~ 10km 时，间距为 2 ~ 2.5km；

当输水管道长度在 10 ~ 20km 时，间距为 3 ~ 4km。

通常输水管道被连通管分成 2 ~ 3 段时，可满足事故保证率 70%；要做到保证事故率、管道漏水与工程成本的平衡，须慎重考虑连通管的使用。

（四）配水管网的组成

配水管网是由各种大小不同的管段组成，不管是枝状管网还是环状管网，按管段的功能均可划分为配水干管、连接管、配水支管和分配管。

配水干管接收输水管道中的水，并将其输送到各供水区。干管管径较大，一般应布置在地形高处，靠近大用户沿城市的主要干道敷设，在同一供水区内可布置若干条平行的干管，其间距一般为 500 ~ 800m。

连接管用于配水干管间的连接，以形成环状管网，保证在干管发生故障关闭事故管段时，能及时通过连接管重新分配流量，从而缩小断水范围，提高供水可靠性。连接管一般沿城市次要干道敷设，其间距为 800 ~ 1000m。

配水支管是把干管输送来的水分配到进户管道和消火栓管道，敷设在供水区的道路下。在供水区内配水支管应尽量均匀布置；尽可能采用环状管线，同时应与不同方向的干管连接。

当采用树状管网时，配水支管不宜过长，以免管线末端用户水压不足或水质变坏。分配管（也称为接户管）是连接配水支管与用户的管道，将配水支管中的水输送、分配给用户，供用户使用。一般每一用户有一条分配管即可，但重要用户的分配管可有两条或数条，并应从不同的方向接入，以增加供水的可靠性。

为了保证管网正常供水和便于维修管理，在管网的适当位置上应设置阀门、消火栓、排气阀、泄水阀等附属设备。其布置原则是数量尽可能少，但又要运用灵活。

阀门是控制水流、调节流量和水压的设备，其位置和数量要满足故障管段的切断需要，应根据管线长短、供水重要性和维修管理情况而定。一般干管上每隔 500 ~ 1000m 设一个阀门，并设于连接管的下游；干管与支管相接处，一般在支管上设阀门，以使支管的检修不影响干管供水；干管和支管上消火栓的连接管上均应设阀门；配水管网上两个阀门之间独立管段内消火栓的数量不宜超过 5 个。

消火栓应布置在使用方便，显而易见的地方，距建筑物外墙应不小于 5.0m，距车行道边不大于 2.0m，以便于消防车取水而又不影响交通。一般常设在人行道边，两个消火栓的间距不应超过 120m。

排气阀用于排出管道内积存的空气，以减小水流阻力，一般常设在管道的高处。泄水阀用于排空管道内的积水，以便于检修时排空管道，一般常设在管道的低处。

给水管道相互交叉时，其最小垂直净距为 0.15m；给水管道与污水管道、雨水管道或输送有毒液体的管道交叉时，给水管道应敷设在上面，最小垂直净距为 0.4m，且接口不能重叠；当给水管必须敷设在下面时，应采用钢管或钢套管，钢套管伸出交叉管的长度，每端不得小于 3.0m，且套管两端应用防水材料封闭，并应保证 0.4m 的最小垂直净距。

二、给水管材

给水管道为压力流，给水管材应满足下列要求：

要有足够的强度和刚度，以承受在运输、施工和正常输水过程中所产生的各种荷载。

要有足够的密闭性，以保证经济有效地供水。

管道内壁应整齐光滑，以减小水头损失。

管道接口应施工简便，且牢固可靠。

应寿命长、价格低廉，且有较强的抗腐蚀能力。

在市政给水管道工程中，常用的给水管材主要有以下几种。

（一）铸铁管

铸铁管主要用作埋地给水管道，与钢管相比具有制造较易、价格较低、耐腐蚀性较强等优点，其工作压力一般不超过 0.6MPa，但铸铁管质脆、不耐振动和弯折、重量大。

我国生产的铸铁管有承插式和法兰盘式两种。承插式铸铁管分砂型离心铸铁管、连续铸铁管和球墨铸铁管三种。

球墨铸铁是通过（铸造铁水经添加球化剂后）球化和孕育处理得到球状石墨，有效地提高了铸铁的机械性能，特别是提高了塑性和韧性，从而得到比碳钢还高的强度。

为了提高管材的韧性及抗腐蚀性，可采用球墨铸铁管，其主要成分石墨为球状结构，比石墨为片状结构的灰口铸铁管的强度高，故其管壁较薄，重量较轻，抗腐蚀性能远高于钢管和普通的铸铁管，是理想的市政给水管材。目前，我国球墨铸铁管的产量低、产品规格少，故价格较高。

法兰盘式铸铁管不适用于做市政埋地给水管道，一般常用作建筑物、构筑物内部的明装管道或地沟内的管道。

（二）钢管

钢管具有自重轻、强度高、抗应变性能比铸铁管及钢筋混凝土压力管好、接口操作方便、承受管内水压力较高、管内水流水力条件好等优点，但耐腐蚀性能差，使用前应进行防腐处理。

钢管有普通无缝钢管和纵向焊缝或螺旋形焊缝的焊接钢管。大直径钢管通常是在加工厂用钢板卷圆焊接，称为卷焊钢管。

（三）钢筋混凝土压力管

钢筋混凝土压力管按照生产工艺分为预应力钢筋混凝土管和自应力钢筋混凝土管两种，适宜做长距离输水管道。缺点是质脆、体笨，运输与安装不便；管道转向、分支与变径目前还须采用金属配件。

（四）预应力钢筒混凝土管（PCCP 管）

预应力钢筒混凝土管是由钢板、钢丝和混凝土构成的复合管材，分为以下两种形式：

一种是内衬式预应力钢筒混凝土管（PCCP-L 管），是在钢筒内衬以混凝土，钢筒外缠绕预应力钢丝，再敷设砂浆保护层而成。

另一种是埋置式预应力钢筒混凝土管（PCCP-E 管），是将钢筒埋置在混凝土里面，然后在混凝土管芯上缠绕预应力钢丝，再敷设砂浆保护层而成。

（五）塑料管

塑料管具有良好的耐腐蚀性及一定的机械强度，加工成型与安装方便，输水能力强，材质轻，运输方便，价格便宜，但其强度较低、刚性差，热胀冷缩性大，在日光下老化速度加快，老化后易断裂。

目前，国内用作给水管道的塑料管有热塑性塑料管和热固性塑料管两种。热塑性塑料管有硬聚氯乙烯管（UPVC 管）、聚乙烯管（PE 管）、聚丙烯管（PP 管）、苯乙烯管（ABS 工程塑料管）、高密度聚乙烯管（HDPE 管）等。热固性塑料管主要是玻璃纤维增强树脂管(GRP 管），它是一种新型的优质管材，重量轻，施工运输方便，耐腐蚀性强，寿命长，维护费用低，一般用于强腐蚀性土壤处。

（六）给水管材的选择

应根据管径、内压、外部荷载和管道铺设地区的地形、地质、管材的供应等条件，按照安全、耐久、减少漏损、施工和维护方便、经济合理以及防止二次污染的原则，通过技术经济、安全等综合分析后确定。通常情况下，球磨铸铁管、钢管应用于市政配水管道与输水管道；非车行道下小管径配水管道可采用塑料管；预应力钢筒混凝土管、钢筋混凝土管也常用作输水管。

采用金属管时应考虑防腐：内防腐（水泥砂浆衬里）；外防腐（环氧煤沥青、胶粘带、PE 涂层、PP 涂层）；电化学腐蚀（阴极保护）。

第三节　给水管件与给水管道构造

一、给水管件

（一）给水管的配件

水管配件又称元件或零件。市政给水铸铁管通常采用承插连接，在管道的转弯、分支、变径及连接其他附属设备处，必须采用各种配件，才能使管道及设备正确衔接，也才能正确地设计管道节点的结构，保证正确施工。管道配件的种类非常多，如在管道分支处用的三通（又称丁字管）或四通、转弯处用的各种角度的弯管（又称弯头）、变径处用的变径管（又称异径管、大小头）、改变接口形式采用的各种短管等。

（二）给水管的附件

给水管网除了给水管道及配件外，还要设置各种附件（又称管网控制设备），如阀门、止回阀、排气阀、泄水阀、消火栓等，以配合管网完成输配水任务，保证管网正常工作。常见的给水管附件如下：

1. 阀门

阀门是调节管道内的流量和水压，并在事故时用以隔断事故管段的设备。常用的阀门有闸阀和蝶阀两种。闸阀靠阀门腔内闸板的升降来控制水流通断和调节流量大小，阀门内的闸板有楔式和平行式两种；蝶阀是将闸板安装在中轴上，靠中轴的转动带动闸板转动来控制水流。

2. 止回阀

止回阀又称单向阀或逆止阀。主要是用来控制水流只朝一个方向流动，限制水流向相反方向流动，防止突然停电或其他事故时水倒流。止回阀的闸板上方根部安装在一个绞轴上，闸板可绕绞轴转动，水流正向流动时顶推开闸板过水，反向流动时闸板靠重力和水流作用而自动关闭断水。一般有旋启式止回阀和缓闭式止回阀等。

3. 排气阀

管道在长距离输水时经常会积存空气，这既减小了管道的过水断面积，又增大了水流阻力，同时还会产生气蚀作用，因此，应及时将管道中的气体排出。排气阀就是用来排出管道中气体的设备，一般安装在管线的隆起部位，平时用以排出管内积存的空气，而在管道检修、放空时可进入空气，保持排水通畅；同时在产生水锤时可使空气自动进入，避免产生负压。

排气阀应垂直安装在管线上，可单独放置在阀门井内，也可与其他管件合用一个阀门井。排气阀有单口和双口两种，常用单口排气阀。单口排气阀壳内设有铜网，铜网里装有一个空心玻璃球。当管内无气体时，浮球上浮封住排气口；随着管道内空气量的增加，空气升入排气阀上部聚积，使阀内水位下降，浮球靠自身重力随之下降而离开排气口，空气即由排气口排出。

单口排气阀一般用于直径小于 400mm 的管道上，口径为 DN 16 ~ 25mm。双口排气阀用于直径大于或等于 400mm 的管道上，口径为 DN 50 ~ 200mm。排气阀口径与管道直径之比一般为 1 ∶ 12 ~ 1 ∶ 8。

4. 泄水阀

泄水阀是在管道检修时用来排空管道的设备。一般在管线下凹部位安装排水管，在排水管靠近给水管的部位安装泄水阀。泄水阀平时关闭，需要排水放空时才开启，用于排出给水管中的沉淀物及放空给水管中的存水。泄水阀的口径应与排水管的管径一致，而排水管的管径应根据放空时间经计算确定。泄水阀通常置于泄水阀井中，泄水阀一般采用闸阀，也可采用快速排污阀。

5. 消火栓

消火栓是消防车取水的设备，一般有地上式和地下式两种。经公安部审定的消火栓有“SS100”型地上式消火栓和“SX100”型地下式消火栓两种规格。如采用其他规格时，应取得当地消防部门的同意。

地上式消火栓适用于冬季气温较高的地区，设置在城市道路附近消防车便于靠近处，并涂以红色标志。“SS100”型地上式消火栓设有一个 100mm 的栓口和两个 65mm 的栓口。地上式消火栓目标明显，使用方便，但易损坏，有时会妨碍交通。

地下式消火栓适用于冬季气温较低的地区，一般安装在阀门井内。“SX100”型地下式消火栓设有 100mm 和 65mm 的栓口各一个。地下式消火栓不影响交通，不易损坏，但使用时不如地上式消火栓方便易找。消火栓均设在给水管网的配水管线上，与配水管线的连接有直通式和旁通式两种方式。直通式是直接从配水干管上接出消火栓。旁通式是从配水干管上接出支管后，再接消火栓。旁通式应在支管上安装阀门，以便于安装、检修。直通式安装、检修不方便，但可防冻。一般每个消火栓的流量为 10 ~ 15L/S。

二、给水管道的构造

给水管道为压力流，在施工过程中要保证管材及其接口强度满足要求，并根据实际情况采取防腐、防冻措施；在使用过程中要保证管材不致因地面荷载作用而引起损坏，管道接口不致因管内水压而引起损坏。因此，给水管道的构造一般包括基础、管道、覆土三部分。

（一）基础

给水管道的基础用来防止管道不均匀沉陷造成管道破裂或接口损坏而漏水。一般情况下有三种基础：

1. 天然基础

当管底地基土层承载力较高、地下水位较低时，可采用天然地基作为管道基础。施工时，将天然地基整平，把管道铺设在未经扰动的原状土上即可。为安全起见，可将天然地基夯实后再铺设管道；为保证管道铺设的位置正确，可将槽底做成 90° ~ 135° 的弧形槽。

2. 砂基础

当管底为岩石、碎石或多石地基时，对金属管道应铺垫不小于 100mm 厚的中砂或粗砂，对非金属管道应铺垫不小于 150mm 厚的中砂或粗砂，构成砂基础，再在上面铺设管道。

3. 混凝土基础

当管底地基土质松软、承载力低或铺设大管径的钢筋混凝土管道时，应采用混凝土基础。根据地基承载力的实际情况，可采用强度等级不低于 C10 的混凝土带形基础，也可采用混凝土枕基。

混凝土带形基础是沿管道全长做成的基础，而混凝土枕基是只在管道接口处用混凝土块垫起，其他地方用中砂或粗砂填实。

对混凝土基础，如管道采用柔性接口，应每隔一定距离在柔性接口下，留出 600 ~ 800mm 的范围不浇筑混凝土，而用中砂或粗砂填实，以使柔性接口有自由伸缩沉降的空间。

在流砂及淤泥地区，地下水位高，此时应先采取降水措施降低地下水位，然后再做混凝土基础。当流砂不严重时，可将块石挤入槽底土层中，在块石间用砂砾找平，然后再做基础；当流砂严重或淤泥层较厚时，须先打砂桩，然后在砂桩上做混凝土基础；当淤泥层不厚时，可清除淤泥层换以砂砾或干土做人工垫层基础。

为保证荷载正确传递和管道铺设位置正确，可将混凝土基础表面做成 90°、135°、180° 的管座。

（二）管道

管道是指采用设计要求的管材，常用的给水管材前已述及。

（三）覆土

给水管道埋设在地面以下，其管顶以上应有一定厚度的覆土，以保证管道内的水在冬季不会因冰冻而结冰，在正常使用时管道不会因各种地面荷载作用而损坏。管道的覆土厚度是指管顶到地面的垂直距离。

在非冰冻地区，管道覆土厚度的大小主要取决于外部荷载、管材强度、管道交叉情况以及抗浮要求等因素。一般金属管道的最小覆土厚度在车行道下为 0.7m，在人行道下为 0.6m；非金属管道的覆土厚度不小于 1.0 ~ 1.2m。当地面荷载较小，管材强度足够，或采取相应措施能确保管道不致因地面荷载作用而损坏时，覆土厚度的大小也可降低。

在冰冻地区，管道覆土厚度的大小，除考虑上述因素外，还要考虑土壤的冰冻深度，一般应通过热力计算确定，通常覆土厚度应大于土壤的最大冰冻深度。当无实际资料不能通过热力计算确定时，管底在冰冻线以下的距离可按下列经验数据确定：

$DN \leqslant 300mm$ 时，为（DN + 200）mm；

$300 < DN \leqslant 600mm$ 时，为（0.75DN）mm；

$DN > 600mm$ 时，为（0.5DN）mm。

为保证给水管网的正常工作，满足维护管理的需要，在给水管网上还要设置一些附属构筑物。常用的附属构筑物主要有以下五种：

1. 阀门井

给水管网中的各种附件一般都安装在阀门井中，以便有良好的操作和养护环境。阀门井的形状有圆形和矩形两种。阀门井的大小取决于管道的管径、覆土厚度及附件的种类、规格和数量。为便于操作、安装、拆卸与检修，井底到管道承口或法兰盘底的距离应不小于 0.1m，法兰盘与井壁的距离应大于 0.15m，从承口外缘到井壁的距离应大于 0.3m，以便于接口施工。

阀门井一般用砖、石砌筑，也可用钢筋混凝土现场浇筑。当阀门井位于地下水位以下时，井壁和井底应不透水，在管道穿井壁处必须保证有足够的水密性。在地下水位较高的地区，阀门井还应有良好的抗浮稳定性。

2. 泄水阀井

泄水阀一般放置在阀门井中构成泄水阀井，当由于地形因素排水管不能直接将水排走时，还应建造一个与阀门井相连的湿井。当需要泄水时，由排水管将水排入湿井，再用水泵将湿井中的水排走。

3. 排气阀门井

排气阀门井与阀门井相似。

4. 支墩

承插式接口的给水管道，在弯管、三通、变径管及水管末端盖板等处，由于水流的作用，都会产生向外的推力。当推力大于接口所能承受的阻力时，就可能导致接头松动脱节而漏水，因此，必须设置支墩以承受此推力，防止漏水事故的发生。

但当管径小于 DN350mm，且试验压力不超过 980kPa 时；或管道转弯角度小于 10° 时，接头本身均足以承受水流产生的推力，此时可不设支墩。支墩一般用混凝土建造，也可用砖、石砌筑，一般有水平弯管支墩、垂直向下弯管支墩、垂直向上弯管支墩等。

5. 管道穿越障碍物

市政给水管道在通过铁路、公路、河谷时，必须采取一定的措施保证施工安全可靠。管道穿越铁路或公路时，穿越地点、穿越方式和施工方法，都应符合相应的技术规范的要求，并经过铁路或交通部门同意后才可实施。根据穿越的铁路或公路的重要性，一般可采取如下措施：

穿越临时铁路、一般公路或非主要路线且管道埋设较深时，可不设套管，但应优先选用铸铁管（青铅接口），并将铸铁管接头放在障碍物以外；也可选用钢管（焊接接口），但应采取防腐措施。

穿越较重要的铁路或交通繁忙的公路时，管道应放在钢管或钢筋混凝土套管内，套管直径根据施工方法而定。大开挖施工时，应比给水管直径大 300mm；顶管施工时，应比给水管直径大 600mm。套管应有一定的坡度，以便排水；路的两侧应设阀门井，内设阀门和支墩，并根据具体情况在低的一侧设泄水阀。

给水管穿越铁路或公路时，其管顶或套管顶在铁路轨底或公路路面以下的深度不应小于 1.2m，以减轻路面荷载对管道的冲击。

管道穿越河谷时，穿越地点、穿越方式和施工方法，应符合相应的技术规范的要求，并经过河道管理部门的同意后才可实施。根据穿越河谷的具体情况，一般可采取如下措施：

当河谷较深、冲刷较严重、河道变迁较快时，应尽量架设在现有桥梁的人行道下面穿越。此种方法施工、维护、检修方便，也最为经济。如不能架设在现有桥梁下架空管，一般用钢管焊接连接。架空管的高度和跨度以不影响航运为宜，一般矢高和跨度比为

1：8～1：6，常用1：8。

架空管维护管理方便，防腐性好，但易遭破坏，防冻性差，在寒冷地区必须采取有效的防冻措施。

当河谷较浅、冲刷较轻、河道航运繁忙时，不适宜设置架空管；穿越铁路和重要公路时，须采用倒虹管。

第四节　给水管道工程施工图识读

给水管道工程施工图的识读是保证工程施工质量的前提。一般给水管道施工图包括平面图、纵剖面图、大样图和节点详图四种。

一、平面图识读

管道平面图主要体现的是管道在平面上的相对位置以及管道敷设地带一定范围内的地形、地物和地貌情况。识读时应主要搞清以下问题：

图纸比例、说明和图例。

管道施工地带道路的宽度、长度、中心线坐标、折点坐标及路面上的障碍物情况。

管道的管径、长度、节点号、桩号、转弯处坐标、中心线的方位角、管道与道路中心线或永久性地物间的相对距离以及管道穿越障碍物的坐标等。

与本管道相交、相近或平行的其他管道的位置及相互关系。

附属构筑物的平面位置。

主要材料明细表。

二、纵剖面图识读

识读时应主要搞清以下问题：

图纸横向比例、纵向比例、说明和图例。

管道沿线的原地面标高和设计地面标高。

管道的管中心标高和埋设深度。

管道的敷设坡度、水平距离和桩号。

管径、管材和基础。

附属构筑物的位置、其他管线的位置及交叉处的管底标高。

施工地段名称。

三、大样图识读

大样图主要是指阀门井、消火栓井、排气阀井、泄水井、支墩等的施工详图，一般由平面图和剖面图组成。识读时应主要搞清以下内容：

图纸比例、说明和图例。

井的平面尺寸、竖向尺寸、井壁厚度。

井的组砌材料、强度等级、基础做法、井盖材料及大小。

管件的名称、规格、数量及其连接方式。

管道穿越井壁的位置及穿越处的构造。

支墩的大小、形状及组砌材料。

四、节点详图识读

节点详图主要是体现管网节点处各管件间的组合、连接情况，以保证管件组合经济合理，水流通畅。识读时应主要搞清以下内容：

管网节点处所需的各种管件的名称、规格、数量。

管件间的连接方式。

第五节　给水管道施工

一、土的物理性质

土的物理性质主要有如下指标表征：

土的天然密度和重力密度。

土粒的相对密度。

土的天然含水量。

土的干密度和干重度。

土的孔隙比与孔隙率。

土的饱和重度与土的有效重度。

土的饱和度。

土的可松性和可松性系数（表 3-1）。

表 3-1　土的可松性系数

土的种类	土的可松性系数	
	K_1	K_2
砂土、黏性土	1.08 ~ 1.17	1.01 ~ 1.03
砂碎石	1.14 ~ 1.28	1.02 ~ 1.05
种植土、淤泥	1.2 ~ 1.3	1.02 ~ 1.04
黏土、碎石	1.24 ~ 1.3	1.04 ~ 1.07
卵石土	1.26 ~ 1.32	1.06 ~ 1.09
岩石	1.33 ~ 1.5	1.1 ~ 1.3

不同土的渗透性见表 3-2。

表 3-2　土的渗透性

土的种类	土的渗透系数 /（m/d）
黏土	< 0.005
粉土	0.1 ~ 0.5
粉砂	0.5 ~ 1.0
细砂	1.0 ~ 5.0
中砂	5.0 ~ 20.0
粗砂	20.0 ~ 50.0
砾石	50.0 ~ 100.0

二、土的力学性质

（一）土的抗剪强度指标

砂性土：摩擦力。
黏性土：摩擦力、黏聚力。

（二）土的侧土压力

土的侧土压力主要包括主动土压力、被动土压力、静止土压力。

三、土的分类

可将土分为六类：岩石；碎石土；砂土；粉土；黏性土：黏性粉土、黏土；人工填土：素填土、杂填土、冲填土。

按土石坚硬程度和开挖方法，土石可分八类（见表 3-3）。

表 3-3　土石的分类

土的类型	土的名称	开挖方法
一类土	松软土	锹
二类土	普通土	锹、镐
三类土	坚土	镐
四类土	砂砾坚土	镐、撬棍
五类土	软岩	镐、撬棍、大锤、工程爆破
六类土	次坚石	工程爆破
七类土	坚石	工程爆破
八类土	特坚石	工程爆破

四、沟槽开挖

沟槽开挖施工方案所包含的内容如下：

沟槽施工平面布置图及开挖断面图。

沟槽形式、开挖方法及堆土要求。

施工设备机具的型号、数量及作业要求。

不良土质开挖的措施。

五、沟槽开挖方法

（一）人工开挖

适用：管径小，土方少；场地狭窄，障碍多。

要求：沟槽深≥ 3m 时，须分层开挖，每层不超过 2m，并设层间台，必要时沟底须加支护，不得超挖。

（二）机械开挖

开挖方法：机械开挖，人工清底。

1. 推土机（T）

分类：通用型、专用型。

行走方式：履带式、轮胎式（L）。

2. 挖掘机（W）

分类：单斗、多斗。

（1）单斗挖掘机

传动方式：机械、液压（Y）、电力（D）。

分类：正铲、反铲、爪铲、拉铲。

正铲卸土方式：正挖侧卸、正挖后卸。

（2）多斗挖掘机

优点：连续作业，开挖整齐，自动卸土。

适用：黄土、黏土。

不适用：坚硬土、含水量大的土。

（三）堆土要求

不影响：建筑物、管线、其他设施。

不掩埋：消火栓、管道闸阀、雨水口与各种井盖、测量标志。

距沟槽边缘≥ 0.8m。

堆土高度≤ 1.5m。

严禁超挖。

槽底不得受水浸泡和受冻。

槽壁平顺、边坡符合要求。

六、沟槽土方量计算

（一）沟槽主要断面形式

计算土方工程量时应先确定沟槽开挖的断面形式。沟槽主要断面形式如下：直槽；梯形槽；混合槽；联合槽。

（二）沟槽底宽和沟槽开挖深度

沟槽底宽：$W = B + 2b$

沟槽上口宽度：$S = W + 2nH$

七、地基处理施工

（一）地基处理的意义

地基处理的意义是使地基同时满足容许沉降量和容许承载力的要求。

（二）地基处理的目的

改善土的剪切性能，提高土的抗剪强度。
降低软弱土的压缩性，减少基础的沉降或不均匀沉降。
改善土的透水性，起着截水、防渗的作用。
改善土的动力特性，防止砂土液化。
改善特殊土的不良地基特性。

（三）地基处理对象

软弱地基：淤泥、淤泥质土、泥炭、泥炭质土等；冲填土；杂填土。
特殊土地基：湿陷性黄土；膨胀土；盐渍土；季节性冻土。

（四）地基处理方法

地基处理的分类方法多种多样，按时间可分为临时处理和永久处理；按处理深度可分为浅层处理和深层处理；按处理土性对象可分为砂性土处理和黏性土处理，饱和土处理和非饱和土处理；也可按地基处理的加固机理进行分类。因为现有的地基处理方法很多，新的地基处理方法还在不断发展，要对各种地基处理方法进行精确分类是困难的。常见的分类方法主要是按照地基处理的加固机理进行分类。

第四章　城市排水管道工程开槽施工技术

第一节　排水管道系统的布置与排水管材

一、排水管道系统的布置

（一）布置形式

在城市中，市政排水管道系统的平面布置，应根据城市地形、城市规划、污水处理厂的位置、河流的位置及水流情况、污水种类和污染程度等因素而定。在这些影响因素中，地形是最关键的因素，按城市地形考虑可有以下六种布置形式：正交式、截流式、平行式、分区式、分散式和环绕式。

（二）布置原则和要求

布置排水管道系统时应遵循的原则是：尽可能在管线较短和埋深较小的情况下，让最大区域的污水能自流排出。管道布置时一般按主干管、干管、支管的顺序进行。其方法是首先确定污水处理厂或出水口的位置，然后再依次确定主干管、干管和支管的位置。

污水处理厂一般布置在城市夏季主导风向的下风向、城市水体的下游，并与城市或农村居民点至少有 500m 以上的卫生防护距离。污水主干管一般布置在排水流域内较低的地带，沿集水线敷设，以便干管的污水能自流接入。污水干管一般沿城市的主要道路布置，通常敷设在污水量较大、地下管线较少一侧的道路下。污水支管一般布置在城市的次要道路下，当小区污水通过小区主干管集中排出时，应敷设在小区较低处的道路下；当小区面积较大且地形平坦时，应敷设在小区四周的道路下。

雨水管道应尽量利用自然地形坡度，以最短的距离靠重力流将雨水排入附近的水体中。当地形坡度大时，雨水干管宜布置在地形低处的主要道路下；当地形平坦时，雨水干管宜布置在排水流域中间的主要道路下。雨水支管一般沿城市的次要道路敷设。

排水管道应尽量布置在人行道、绿化带或慢车道下。当道路红线宽度大于 50m 时，应双侧布置，这样可减少过街管道，便于施工和养护管理。

为了保证排水管道在敷设和检修时互不影响、管道损坏时不影响附近建（构）筑物、不污染生活饮用水，排水管道与其他管线和建（构）筑物间应有一定的水平距离和垂直距离。

二、排水管材

（一）对排水管材的要求

必须具有足够的强度，以承受外部的荷载和内部的水压，并保证在运输和施工过程中不致破裂。

应具有抵抗污水中杂质的冲刷磨损和抗腐蚀的能力。

必须密闭不透水，以防止污水渗出和地下水渗入。

内壁应平整光滑，以尽量减小水流阻力。

应就地取材，以降低施工费用。

（二）常用排水管材

1. 混凝土管和钢筋混凝土管

混凝土管和钢筋混凝土管适用于排出雨水和污水，分混凝土管、轻型钢筋混凝土管和重型钢筋混凝土管三种，管口有承插式、平口式和企口式三种形式。

混凝土管的管径一般小于450mm，长度多为1m，一般在工厂预制，也可现场浇制。当管道埋深较大或敷设在土质不良地段，以及穿越铁路、城市道路、河流、谷地时，通常采用钢筋混凝土管。钢筋混凝土管按照承受的荷载要求分轻型钢筋混凝土管和重型钢筋混凝土管两种。混凝土管和钢筋混凝土管便于就地取材，制造方便，在排水管道工程中得到了广泛应用。其主要缺点是抵抗酸、碱侵蚀及抗渗性能差；管节短，接头多，施工麻烦；自重大，搬运不便。

2. 陶土管

陶土管由塑性黏土制成，为了防止在焙烧过程中产生裂缝，通常加入一定比例的耐火黏土和石英砂，经过研细、调和、制坯、烘干、焙烧等过程制成。根据需要可制成无釉、单面釉和双面釉的陶土管。若加入耐酸黏土和耐酸填充物，还可制成特种耐酸陶土管。陶土管一般为圆形断面，有承插口和平口两种形式。

普通陶土管的最大公称直径为300mm，有效长度为800mm，适用于小区室外排水管道。耐酸陶土管的最大公称直径为800mm，一般在400mm以内，管节长度有300mm、500mm、700mm、1000mm四种，适用于排出酸性工业废水。

带釉的陶土管管壁光滑，水流阻力小，密闭性好，耐磨损，抗腐蚀。

陶土管质脆易碎，不宜远运；抗弯、抗压、抗拉强度低；不宜敷设在松软土中或埋深较大的地段。此外，管节短，接头多，施工麻烦。

3. 金属管

金属管质地坚固，强度高，抗渗性能好，管壁光滑，水流阻力小，管节长，接口少，施工运输方便。但价格昂贵，抗腐蚀性差，因此，在市政排水管道工程中很少用。只有在地震烈度大于 8 度或地下水位高、流砂严重的地区；或承受高内压、高外压及对渗漏要求特别高的地段才采用金属管。

常用的金属管有铸铁管和钢管。排水铸铁管耐腐蚀性好，经久耐用，但质地较脆，不耐振动和弯折，自重较大。钢管耐高压、耐振动，重量比铸铁管轻，但抗腐蚀性差。

4. 排水渠道

在很多城市，除采用上述排水管道外，还采用排水渠道。排水渠道一般有砖砌、石砌、钢筋混凝土渠道，断面形式有圆形、矩形、半椭圆形等。

砖砌渠道应用普遍，在石料丰富的地区，可采用毛石或料石砌筑，也可用预制混凝土砌块砌筑。对大型排水渠道，可采用钢筋混凝土现场浇筑。

5. 新型管材

随着新型建筑材料的不断研制，用于制作排水管道的材料也日益增多，新型排水管材不断涌现，如英国生产的玻璃纤维筋混凝土管和热固性树脂管、日本生产的离心混凝土管，其性能均优于普通的混凝土管和钢筋混凝土管。在国内，口径在 500mm 以下的排水管道正日益被 UPVC 加筋管代替，口径在 1000mm 以下的排水管道正日益被 PVC 管代替，口径在 900 ~ 2600mm 的排水管道正在推广使用高密度聚乙烯管（HDPE 管），口径在 300 ~ 1400mm 的排水管道正在推广使用玻璃纤维缠绕增强热固性树脂夹砂压力管（玻璃钢夹砂管）。但新型排水管材价格昂贵，使用受到了一定程度的限制。

（三）管渠材料的选择

选择排水管渠材料时，应在满足技术要求的前提下，尽可能就地取材，采用当地易于自制、便于供应和运输方便的材料，以使运输和施工费用降至最低。

根据排出的污水性质，一般情况下，当排出生活污水及中性或弱碱性($pH = 8 \sim 11$)的工业废水时，上述各种管材都能使用。排出碱性（$pH > 11$）的工业废水时可用砖渠，或在钢筋混凝土渠内做塑料衬砌。排出弱酸性（$pH = 5 \sim 6$）的工业废水时可用陶土管或砖渠。排出强酸性（$pH < 5$）的工业废水时可用耐酸陶土管、耐酸水泥砌筑的砖渠或用塑料衬砌的钢筋混凝土渠。

根据管道受压、埋设地点及土质条件，压力管段一般采用金属管、玻璃钢夹砂管、钢筋混凝土管或预应力钢筋混凝土管。在地震区、施工条件较差的地区以及穿越铁路、城市道路等，可采用金属管。一般情况下，市政排水管道经常采用混凝土管、钢筋混凝土管。

第二节　排水管道的构造与排水渠道的构造

一、排水管道的构造

排水管道为重力流，由上游至下游管道坡度逐渐增大，一般情况下管道埋深也会逐渐增加，在施工时除保证管材及其接口强度满足要求外，还应保证在使用中不致因地面荷载引起损坏。由于排水管道的管径大，重量大，埋深大，这就要求排水管道的基础要牢固可靠，以免出现地基的不均匀沉陷，使管道的接口或管道本身损坏，造成漏水现象。因此，排水管道的构造一般包括基础、管道、覆土三部分。

（一）基础

排水管道的基础包括地基、基础和管座三部分。地基是沟槽底的土壤，它承受管道和基础的重量、管内水重、管上土压力和地面上的荷载。基础是地基与管道之间的设施，当地基的承载力不足以承受上面的压力时，要靠基础增加地基的受力面积，把压力均匀地传给地基。管座是管道底侧与基础顶面之间的部分，使管道与基础连成一个整体，以增加管道的刚度和稳定性。

一般情况下，排水管道有三种基础：

1. 砂土基础

砂土基础又叫素土基础，包括弧形素土基础和砂垫层基础两种。弧形素土基础是在沟槽原土上挖一弧形管槽，管道敷设在弧形管槽里。这种基础适用于无地下水，原土能挖成弧形（通常采用 90° 弧）的干燥土壤；管道直径小于 600mm 的混凝土管和钢筋混凝土管；管道覆土厚度在 0.7 ~ 2.0m 的小区污水管道、非车行道下的市政次要管道和临时性管道。

砂垫层基础是在挖好的弧形管槽里，填 100 ~ 150mm 厚的粗砂作为垫层。这种基础适用于无地下水的岩石或多石土壤；管道直径小于 600mm 的混凝土管和钢筋混凝土管；管道覆土厚度在 0.7 ~ 2.0m 的小区污水管道、非车行道下的市政次要管道和临时性管道。

2. 混凝土枕基

混凝土枕基是只在管道接口处才设置的管道局部基础。通常在管道接口下用 CIO 混凝土做成枕状垫块，垫块常采用 90° 或 135° 管座。这种基础适用于干燥土壤中的雨水管道。

3. 混凝土带形基础

混凝土带形基础是沿管道全长铺设的基础，分为 90°、135°、180° 三种管座形式。

混凝土带形基础适用于各种潮湿土壤及地基软硬不均匀的排水管道，管径为 200 ~ 2000mm。无地下水时常在槽底原土上直接浇筑混凝土；有地下水时在槽底铺 100 ~ 150mm 厚的卵石或碎石垫层，然后在上面再浇筑混凝土，根据地基承载力的实际情况，可采用强度等级不低于 C10 的混凝土。当管道覆土厚度在 0.7 ~ 2.5m 时采用 90° 管座，覆土厚度在 2.6 ~ 4.0m 时采用 135° 管座，覆土厚度在 4.1 ~ 6.0m 时采用 180° 管座。

在地震区或土质特别松软和不均匀沉陷严重的地段，最好采用钢筋混凝土带形基础。

（二）管道

管道是指采用设计要求的管材，常用的排水管材前已述及。

（三）覆土

排水管道埋设在地面以下，其管顶以上应有一定厚度的覆土，以保证管道内的水在冬季不会因冰冻而结冰；在正常使用时管道不会因各种地面荷载作用而损坏；同时要满足管道衔接的要求，保证上游管道中的污水能够顺利排出。排水管道的覆土厚度与给水管道的覆土厚度意义相同。

在非冰冻地区，管道覆土厚度的大小主要取决于地面荷载、管材强度、管道衔接情况以及敷设位置等因素，以保证管道不受破坏为主要目的。一般情况下，排水管道的最小覆土厚度在车行道下为 0.7m，在人行道下为 0.6m。

在冰冻地区，除考虑上述因素外，还要考虑土壤的冰冻深度。一般污水管道内污水的温度不低于 4℃，污水以一定的流量和流速不断流动。因此，污水在管道内是不会冰冻的，管道周围的土壤也不会冰冻，管道不必全部埋设在土壤冰冻线以下。但如果将管道全部埋设在冰冻线以上，则可能会因土壤冰冻膨胀损坏管道基础，进而损坏管道。一般在土壤冰冻深度不太大的地区，可将管道全部埋设在冰冻线以下；在土壤冰冻深度很大的地区，无保温措施的生活污水管道或水温与生活污水接近的工业废水管道，管底可埋设在冰冻线以上 0.15m；有保温措施或水温较高的管道，管底在冰冻线以上的距离可以加大，其数值应根据该地区或条件相似地区的经验确定，但要保证管道的覆土厚度不小于 0.7m。

二、排水渠道的构造

排水渠道的构造一般包括渠顶、渠底和渠身。渠道的上部叫渠顶，下部叫渠底，两壁叫渠身。通常将渠底和基础整合在一起，渠顶做成拱形，渠底和渠身扁光、勾缝，以使水力性能良好。

第三节　排水管网附属构筑物的构造

一、检查井

在排水管渠系统上，为便于管渠的衔接以及对管渠进行定期检查和清通，必须设置检查井。检查井通常设在管渠交汇、转弯、管渠尺寸或坡度改变、跌水等处，以及相隔一定距离的直线管渠段上。检查井在直线管渠段上的最大间距，一般按表 4-1 采用。

表 4-1　检查井的最大间距

管径或暗渠净高	最大间距 /m	
	污水管渠	雨水（合流）管渠
200 ~ 400	40	50
500 ~ 700	60	70
800 ~ 1000	80	90
1100 ~ 1500	100	120
1600 ~ 2000	120	120

根据检查井的平面形状，可将其分为圆形、方形、矩形或其他不同的形状。方形和矩形检查井用在大直径管道上，一般情况下均采用圆形检查井。检查井由井底（包括基础）、井身和井盖（包括盖座）三部分组成。

井底一般采用低标号的混凝土，基础采用碎石、卵石、碎砖夯实或低标号混凝土。为使水流通过检查井时阻力较小，井底宜设半圆形或弧形流槽，流槽直壁向上升展。污水管道的检查井流槽顶与上、下游管道的管顶相平，或与 0.85 倍大管管径处相平；雨水管渠和合流管渠的检查井流槽顶可与 0.5 倍大管管径处相平。流槽两侧至检查井井壁间的底板（称为沟肩）应有一定的宽度，一般不小于 200mm，以便养护人员下井时立足，并应有 2% ~ 5% 的坡度坡向流槽，以防检查井积水时淤泥沉积。在管渠转弯或几条管渠交汇处，为使水流畅通，流槽中心线的弯曲半径应按转角大小和管径大小确定，但不得小于大管的管径。

检查井工作室是养护人员下井进行临时操作的地方，不能过分狭小，直径不能小于

1m，高度在埋深允许时一般采用 1.8m。为降低检查井的造价，可缩小井盖尺寸，井筒直径一般比工作室小，但为了工人检修时出入方便，直径不应小于 0.7m。井筒与工作室之间用锥形渐缩部连接，渐缩部的高度一般为 0.6 ~ 0.8m，也可在工作室顶偏向出水管渠一侧加钢筋混凝土盖板梁，井筒则砌筑在盖板梁上。为便于养护人员上下，井身在偏向进水管渠的一边应保持一壁直立。

井盖可采用铸铁、钢筋混凝土、新型复合材料或其他材料，为防止雨水流入，盖顶应略高出地面。盖座应采用与井盖相同的材料。井盖和盖座均为厂家预制，施工前购买即可，其形式如图 4-2 所示。

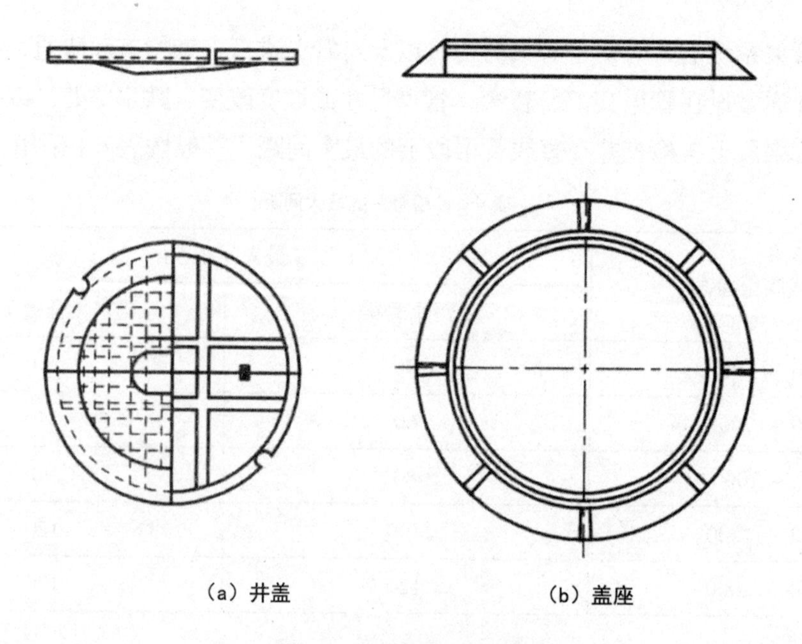

（a）井盖　　（b）盖座

图 4-2　轻型铸铁井盖和盖座

二、雨水口

雨水口是在雨水管渠或合流管渠上设置的收集地表径流的雨水的构筑物。地表径流的雨水通过雨水口连接管进入雨水管渠或合流管渠，使道路上的积水不至于漫过路缘石，从而保证城市道路在雨天时正常使用，因此，雨水口俗称收水井。

雨水口一般设在道路交叉口、路侧边沟的一定距离处，以及设有道路缘石的低洼地方，在直线道路上的间距一般为 25 ~ 50m，在低洼和易积水的地段，要适当缩小雨水口的间距。当道路纵坡大于 0.02 时，雨水口的间距可大于 50m，其形式、数量和布置应根据具体情况和计算确定。

雨水口的构造包括进水箅、井筒和连接管三部分。

进水箅可用铸铁、钢筋混凝土或其他材料做成，箅条应为纵横交错的形式，以便收集从路面上不同方向上流来的雨水，如图 4-3 所示。井筒一般用砖砌，深度不大于 1m，在有冻胀影响的地区，可根据经验适当加大。雨水口通过连接管与雨水管渠或合流管渠的检查井相连接。连接管的最小管径为 200mm，坡度一般为 0.01，长度不宜超过 25m。

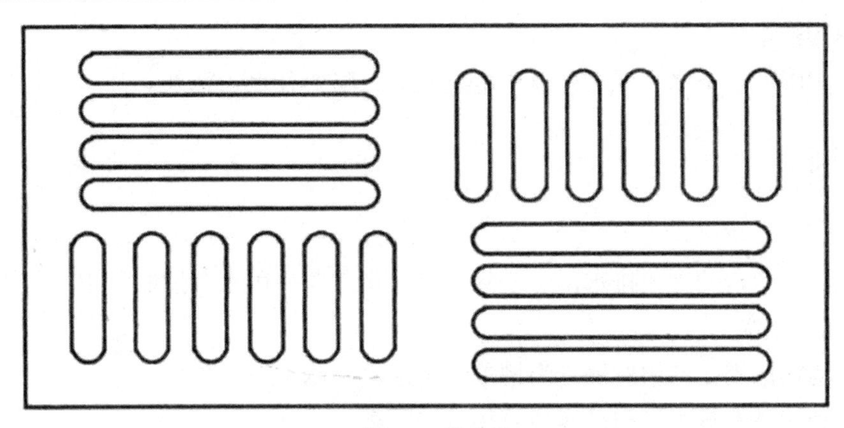

图 4-3　进水箅

根据需要，在路面等级较低、积秽很多的街道或菜市场附近的雨水管道上，可将雨水口做成有沉泥槽的，以避免雨水中挟带的泥沙淤塞管渠，但须经常清掏，增加了养护工作量。

第四节　排水管道工程施工图与混凝土管道

一、排水管道工程施工图识读

排水管道工程施工图的识读是保证工程施工质量的前提，一般排水管道施工图包括平面图、纵剖面图、大样图三种。

二、混凝土管道开槽施工

（一）降排水

1. 影响施工的水

一是地表水。

二是雨水。
三是地下水：水汽；结合水；自由水：潜水、承压水。

2. 施工排水、降水的方法

一是明沟排水。
二是人工降低地下水：轻型井点；电渗井点；喷射井点；深井。

3. 明沟排水

（1）原理
地面截水（槽内四周挖排水沟）→降水引入集水井→用水泵抽取。
（2）地面截水
位置：沟槽四周、沟槽两侧、沟槽单侧（迎水一侧）。
排水：利用已有排水沟与已有建筑物保持距离。
（3）坑内排水
①普通明沟排水
组成：排水沟、集水井、抽水泵。
要求：开挖前设置。
位置：单侧或双侧工作面外距槽壁大于 0.3m。
尺寸：底宽大于 0.3m，槽深应大于 0.3m 以上，纵坡大于 1.0%。
②集水井
位置：每隔 50 ~ 150m 距沟槽 1 ~ 2m。
尺寸：一般比排水沟低 0.7 ~ 1.0m，达到设计标高后，应降低 1 ~ 2m；断面为 0.6m × 0.6m ~ 0.8m × 0.8m。
（4）集水井排水设备
抽水泵：离心泵、潜水泵、潜污泵。

4. 井点类型和组成

（1）井点的优点、类型和工作原理
①优点
机具设备简单，易于操作，便于管理。
可减少基坑开挖边坡坡率，降低基坑开挖土方量。
开挖好的基坑施工环境好，各项工序施工方便，大大提高了基坑施工工序。
开挖好的基坑内无水，相应提高了基底的承载力。
在软土路基、地下水较为丰富的地段应用，有明显的施工效果。
②类型
单层、多层。

③工作原理

铺设总管→埋设井点管→安装弯联管→抽水→地下总管。

（2）轻型井点的组成

井点管、滤管、直管、弯联管、总管、抽水设备。

①井点管

a. 滤管

直径：38 ~ 55mm。

长度：1 ~ 2m。

材料：镀锌钢管。

b. 直管

直径：38mm、51mm。

长度：5 ~ 7m。

②弯联管

材料：橡胶管、塑料管。

长度：1.0m。

③总管

直径为 100 ~ 150mm 的钢管。

④抽水设备

射流泵、真空泵、自引式。

（3）轻型井点的布设

①平面布设

a. 布设形式

单排布设：沟槽底宽≤ 2.5m。

双排布设：沟槽底宽 > 2.5m。

U 形布设：一侧需要机械出入。

环形布设：面积较大的基坑。

b. 总管长度

每端的延长长度≥沟槽上宽。

c. 井点管的位置

距沟槽上边缘外 1.0 ~ 1.5m。

②竖向布设

a. 根据地下水有无压力，水井可分为无压井和承压井。

当水井布置在具有潜水自由面的含水层中时（地下水为自由面），称为无压井；当水井布置在承压含水层中时（含水层中的水充满两层不透水层中间，含水层中的地下水面具有一定的水压），称为承压井。

b. 根据埋设的状态，水井可分为完整井和非完整井。

当水井底部达到不透水层时称为完整井，否则称为非完整井。

井点类型包括潜水完整井、潜水不完整井、承压完整井、承压不完整井。

（二）沟槽支撑

1. 沟槽支撑的目的及特点

目的：挡土，保证施工安全。

加设支撑的优点：减少挖土方量、占地及拆迁。

缺点：增加钢、木材的消耗，影响后续施工。

2. 沟槽支撑加设的条件

土质差，深度大，直槽，高地下水。

3. 沟槽支撑的种类

（1）按支撑的材料分

木板支撑，钢板支撑，钢筋混凝土支撑。

（2）按支撑的形式分

撑板支撑，钢板桩支撑。

钢板桩支撑适用于地下水比较严重，有流砂现象，不能撑板，只能随打板桩随挖土的情况下。

（3）按撑板（挡土板）的方向分

横板支撑（横撑），竖板支撑（竖撑）。

（4）按撑板（挡土板）的间距分

密撑，疏撑（稀撑）。

4. 撑板支撑

（1）构造组成

撑板（挡土板）、横梁与纵梁（立柱）、横撑（撑杠）。

（2）材料要求

①撑板（挡土板）

金属撑板：钢板 + 槽钢，根据设计确定规格。

木撑板：厚度≥ 50mm；长度≥ 4m；宽度为 200 ~ 300mm。

②横梁或纵梁（立柱）

采用方木：断面尺寸为 2150mm × 150mm。

槽钢：100mm × 150mm；200mm × 200mm。

纵梁（立柱）间距，槽深≤ 4m，立柱间距为 1.5m；槽深为 4 ~ 6m，立柱间距为 1.2m（疏撑）、1.5m（密撑）；槽深 > 6m，立柱间距为 1.2 ~ 1.5m。

横梁间距：1.2 ~ 1.5m。

③横撑（撑杠）

木撑杠：宜为原木，直径≥ 100mm；金属撑杠（工具式撑杠）。

撑杠间距：水平为 1.5 ~ 2.0m；垂直≤ 1.5m。

（3）支撑支设

①横撑支设

要求：先挖后支撑；逐层开挖，逐层支设。

②竖撑支设

要求：先打后挖；边挖边支撑。

（4）支设相关规定

木材的质量。

支设的水平度与垂直度。

如遇管道横穿沟槽。

（5）支撑的拆除

多层支撑应先下后上。

应与回填土高度配合。

拆后应及时回填。

设排水沟，由分水线向两侧集水井拆。

5. 钢板桩支撑

（1）构造组成

钢板桩（钢板、槽钢）、撑杠与横梁（偶用）。

（2）材料要求

尺寸规格应通过计算得出。

（3）钢板桩支设的设备

桩锤，桩架，动力设备。

（4）打桩的方法

①单独打入法（见图 4-4）

优点：不需要辅助支架；施工简便，速度快。

缺点：桩精度不高，误差不易调整。

适用：对桩要求不高、长度不大于 10m。

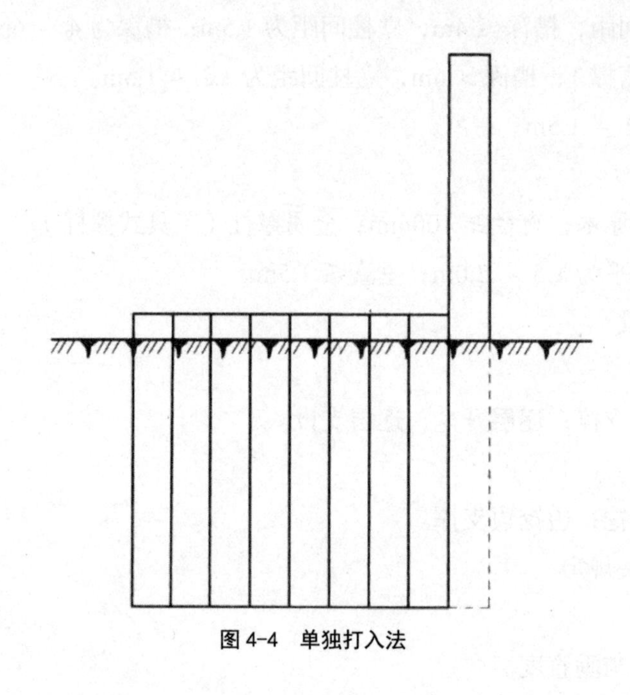

图 4-4　单独打入法

②围囹（檩）插桩法（见图 4-5）

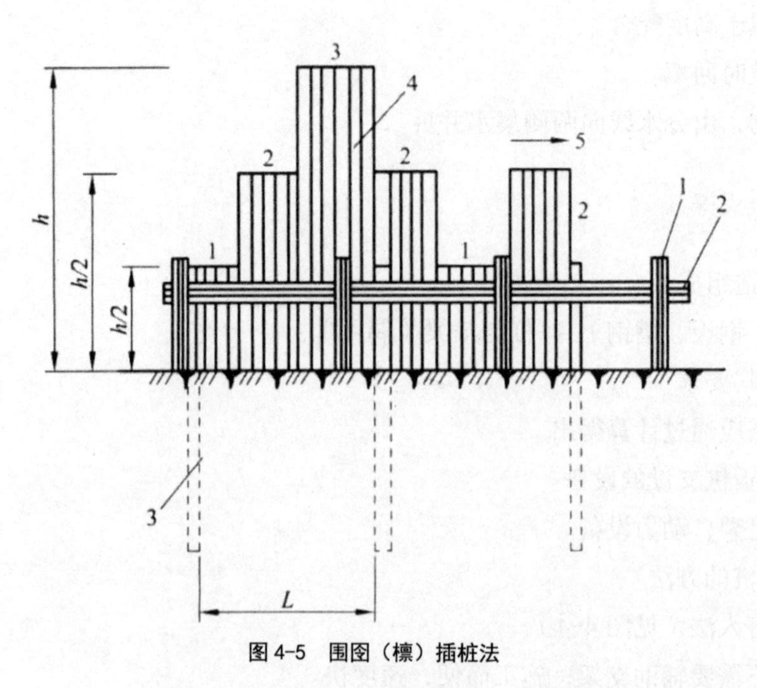

图 4-5　围囹（檩）插桩法

1—围檩桩；2—围檩；3—定位钢板桩；4—钢板桩；

5—打桩方向；h—桩板长度；L—块板桩宽度

（5）支撑拆除

回填土达到要求后拔除。

拔除后及时回填桩孔（灌砂、注浆）。

（三）管道基础施工

1. 管道基础施工的准备

沟槽检验。

材料准备。

施工方案。

2. 管道基础的类型

（1）土弧基础（原状地基）

适用：地基承载力≥ 100kPa 时，优先选用柔性接口管道。

材料：原状坚硬土、原状岩石。

（2）砂石基础

适用：地基承载力＜ 100kPa，满足地基受力条件，宜优先选柔性接口管道。

材料：中砂、粗砂级配砂石，碎石，石屑，最大粒径≤ 25mm。

（3）混凝土基础

适用：刚性接口管道；每隔 20 ～ 25m 设一条沉降缝。

材料：素混凝土，钢筋混凝土。

3. 管道基础施工

（1）土弧基础施工

①基础中心角＞ 60°

②原状土超挖

深度≤ 150mm，原土夯实达密实度。

深度＞ 150mm，级配砂石、砂砾回填压实。

③排水不良造成土基扰动

扰动深度≤ 100mm，级配砂石、砂砾回填压实。

扰动深度＞ 150mm，卵石、块石回填压实。

④原状土为岩石或坚硬土层，管道下方应铺设砂垫层（见表 4-2）

表 4-2　砂垫层厚度

管道种类	垫层厚度 / mm		
	$D_0 \leqslant 500$	$500 < D_0 \leqslant 1000$	$D_0 > 1000$
柔性管道	≥ 100	≥ 150	≥ 200
柔性接口的刚性管道	150 ~ 200		

⑤质量验收

主控项目：原状土地基承载力。

一般项目：原状地基与管道接触均匀，无间隙；土弧基础腋角高度；承插接口处地基处理。

管道不得铺设在冻结的地基上。

（2）砂石基础施工

①槽底要求

槽底不应有积水和软泥。

②垫层

垫层厚度见表 4-3。

表 4-3　柔性接口刚性管道砂石垫层总厚度

管径（D_0）/ mm	垫层总厚度 / mm
300 ~ 800	150
900 ~ 1200	200
1350 ~ 1500	250

③管道有效支撑角（见图 4-6）

管道有效支撑角范围必须用中砂、粗砂填充、插捣密实；与管底紧密接触；不得使用其他材料。

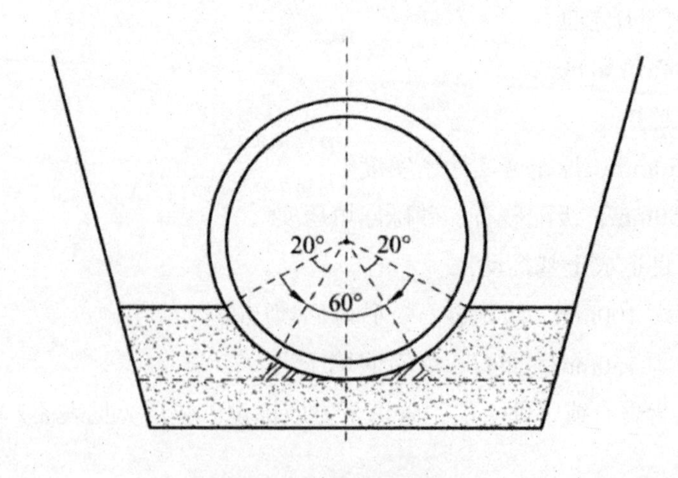

图 4-6　管道有效支撑角

④质量验收

主控项目：材料质量、压实度（设计要求）。

一般项目：基础与管道均匀接触，无间隙；高程；平基厚度；砂石基础腋角高度。

（3）混凝土基础施工

①施工方法

排水管道铺设的方法较多，常用的方法有平基法、垫块法、“四合一”施工法。应根据管道种类、管径大小、管座形式、管道基础、接口方式等来合理选择排水管道铺设的方法。

a. 平基法

平基法为施工程序为：支平基模板→浇筑平基混凝土→下管→安管（稳管）→支管座模板→浇筑管座混凝土→抹带接口→养护。

b. 垫块法

在排水管道施工中，把在预制混凝土垫块上安管（稳管），然后再浇筑混凝土基础和接口的施工方法，称为垫块法。采用这种方法可避免平基、管座分开浇筑，是铺设污水管道常用的施工方法。垫块法的施工程序为：预制垫块→安垫块→下管→在垫块上安管→支模→浇筑混凝土基础→接口→养护。

c.“四合一”施工法

概念：在排水管道施工中，将混凝土平基、稳管、管座、抹带四道工艺合在一起施工的做法，称为“四合一”施工法。

施工程序：验槽→支模→下管→排管→四合→施工→养护。

小管径：四合一法。

大管径：先垫块稳管，管座、管基一次浇筑。

雨期和不良地基：先打平基。

②规范要求

模板支设高度：应高于混凝土的浇筑高度。

管座与平基分开浇筑：应先将平基凿毛冲洗干净。

腋角施工：用同等强度等级的水泥砂浆填满捣实后，再浇筑混凝土。

垫块法的施工顺序：必须先在一侧灌注混凝土，至对侧混凝土与浇筑侧混凝土同高，再同时浇筑，并保证同高。

沉降缝的位置：与柔性接口一致。

③质量验收

主控项目：混凝土强度。

一般项目：

混凝土基础外光内实，无严重缺陷。

钢筋位置、数量正确。

平基：中心线每侧宽度、高程、厚度。

管座：肩宽、肩高。

（四）钢筋混凝土（混凝土）管道安装质量检查

1. 管道的严密性

试验方法：闭水试验，闭气试验。

（1）必须做闭水试验的结构

污水管、雨污合流管、膨胀土地区的雨水管。

（2）闭水试验的要求

管径不大于 800mm，采用磅筒闭水；管径大于 800mm，采用检查井闭水。

（3）闭气试验温度

-15℃ ~ 50℃。

（4）一般规定

在土方回填前完成闭水试验；接口养护 2d 以上；试验前泡管 24h 以上；从上游至下游分段进行；每段长度≤ 1km；带井进行试验。

试验水头：上游设计水头≤管内顶标高，取管内顶标高 +2m；上游设计水头 > 管内顶标高，取设计水头 +2m；若试验水头 < 10m，但超出检查井井口标高，取检查井井口标高。

（5）闭水试验方法

检查井闭水，磅筒闭水。

顺序：注水达试验水头→泡管 24h →试验观测 30min，注水补水头→计算渗水量查表核实。

（6）闭气试验

适用于：直径 300 ~ 1200mm；混凝土排水管（承插、企口、平口）；地下水位低于管底 150mm；雨天不宜；温度 -15℃ ~ 50℃。

器材：压力表、气阀、管堵、空气压缩机、发泡剂。

2. 管道铺设质量检查

（1）排水管道工程验收

中间验收，竣工验收。

（2）检查内容

埋深、轴线位置、纵坡、管道无结构贯通裂缝、无明显缺陷、安装稳定线形平顺。

3. 管道接口质量检查

接口材料质量。

橡胶圈接口：位置正确，无扭曲，无外露。

刚性接口：无开裂、空鼓、脱落；宽度；厚度。

接口内填缝：密实，光洁，平整。

第五节　管道顶管施工与其他施工方法

一、管道顶管施工

顶管法是最早使用的一种非开挖施工方法，它是将新管用大功率的顶推设备顶进至终点来完成铺设任务的施工方法。

（一）顶管的基本概论

1. 顶管的分类

顶管的分类方法很多，每一种方法都强调某一侧面，但也无法概全，有局限性。

（1）按管道的口径（内径）分

按管道的口径不同，可分为小口径顶管、中口径顶管和大口径顶管。

小口径指不适宜进入操作的管道，而大口径指操作人员进出管道比较方便的管道。根据实际经验，我国确定的三种口径为：

小口径管道：内径＜ 800mm；

中口径管道：800mm ≤内径≤ 1800mm；

大口径管道：内径＞ 1800mm。

（2）按顶进距离分

按顶进距离不同，可分为中短距离顶管、长距离顶管和超长距离顶管。

这里所说的距离指管道单向一次顶进长度，以 L 代表距离，则：

中短距离顶管：$L < 300$m；

长距离顶管：$300\text{m} < L \leq 1000$m；

超长距离顶管：$L > 1000$m。

（3）按管材分

按管材不同，可分为钢筋混凝土管、钢管、玻璃钢管、复合管顶管等。

（4）按顶管掘进机或工具管的作业方式分

①按掘进功能分

手掘式、挤压式、半机械式、机械式、水力挖掘式。

②按防塌功能分

机械平衡式、泥水平衡式、土压平衡式、气压平衡式。

③按出泥功能分

干出泥、泥水出泥。

（5）按地下水位分

干法顶管和水下顶管。

（6）按管轴线分

直线顶管和曲线顶管。

2. 顶管管材

顶管所用管材常用的有钢管、钢筋混凝土管和玻璃纤维加强管三种。下面着重介绍钢管以及钢筋混凝土管。

（1）钢管

大口径顶管一般采用钢板卷管。管道壁厚应能满足顶管施工的需要，根据施工实践可表示如下：

$$t = kd$$

式中 t——钢管壁厚（mm）；

k——经验系数取 0.010 ~ 0.008；

d——钢管内径（mm）。

为了减少井下焊接的次数，每段钢管的长度一般不小于6m，有条件的可以适当加长。

顶管钢管内外壁均要防腐。敷设前要用环氧沥青防锈漆（三层），对外表面进行防腐处理，待施工结束后再根据管道的使用功能选用合适的涂料涂内表面。

钢管管段的连接采用焊接。焊缝的坡口形式有两种。其中 V 形焊缝是单面焊缝，用于小管径顶管；K 形和 X 形焊缝为双面焊缝，适用于大中管径顶管。

（2）钢筋混凝土管

混凝土管与钢管相比耐腐蚀，施工速度快（因无焊接时间）。混凝土管的管口形式有企口和平口两种。企口的连接形式由于只有部分管壁传递顶力，故只适用于较短距离的顶管。平口连接由于密封、安装情况不同，分为 T 形和 F 形接头。

T 形接头是在两管段之间插入一段钢套管（壁厚 6 ~ 10mm，宽度 250 ~ 300mm），钢管套与两侧管段的插入部分均有橡胶密封圈。而 F 形接头是 T 形接头的发展，安装时应先将钢套管与前段管段牢固地连接在一起。用短钢筋将钢套管与钢筋混凝土钢筋笼焊接在一起；或在管端事先预留钢环预埋件，以便与钢套管连接。两段管端之间加入木质垫片（中等硬度的木材，如松木、杉木等），即可用来均匀地传递顶力，又可起到密封作用。

（二）顶管的工艺组成

1. 掘进设备

顶管掘进机安装在管段最前端，起到导向和出土的作用，是顶管施工中的关键机具。

在手掘式顶管施工中，不用顶管掘进机，而只用工具管。

2. 顶进设备

（1）主顶装置

由主顶油缸、主顶油泵、操纵台、油管等组成，其中主顶油缸是管子顶进的动力，主油缸的顶力一般采用 1000kN、2000kN、3000kN、4000kN，由多台千斤顶组成。主顶千斤顶呈对称状，布置在管壁周边，一般为双数且左右对称布置。千斤顶在工作坑内常用的布置方式为单列、双列、双层并列等形式，主顶进装置除了主顶千斤顶以外，还有千斤顶架——以支承主顶千斤顶，主顶油泵——供给主顶千斤顶以压力油、控制台——控制千斤顶伸缩的操纵控制，操纵方式有电动和手动两种，前者使用电磁阀或电液阀，后者使用手动换向阀。油泵、换向阀和千斤顶之间均用高压软管连接。

（2）中继间

在顶管顶进距离较长，顶进阻力超出主顶千斤顶的容许总顶力、混凝土管节的容许压力、工作井后靠土体反作用力，无法一次达到顶进距离要求时，应使用中继间做接力顶进，实行分段逐次顶进。中继间之前的管道利用中继千斤顶顶进，中继间之后的管节则利用主顶千斤顶顶进。利用中继间千斤顶将降低原顶进速度，因此，当运用多套中继间接力顶进时，应尽量使多套中继间同时工作，以提高顶进速度。应根据顶进距离的长短和后座墙能承受的反作用力的大小以及管外壁的摩擦力，确定放置中继间的数量。

（3）顶铁

若采用的主顶千斤顶的行程长短不能一次将管节顶到位时，必须在千斤顶缩回后在中间加垫块或几块顶铁。顶铁分为环形、弧形、马蹄形三种（见图 4-7、图 4-8、图 4-9）。环形顶铁的目的是使主顶千斤顶的推力较均匀地加到所顶管道的周边。弧形和马蹄形顶铁是为了弥补千斤顶行程不足而用。弧形开口向上，通常用于手掘式、土压平衡式中；马蹄形开口向下，通常用于泥水平衡式中。

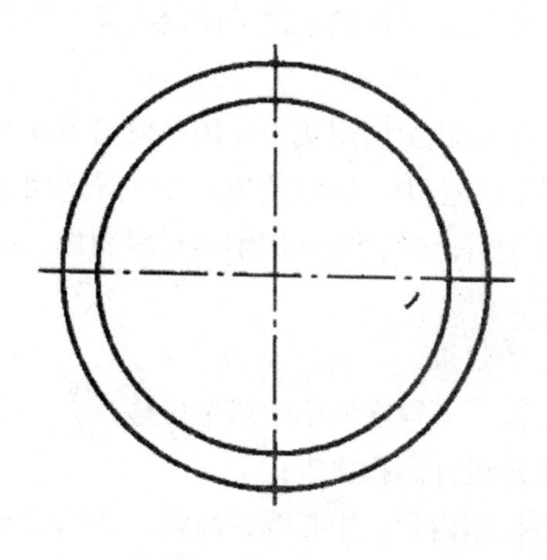

图 4-7　环形顶铁

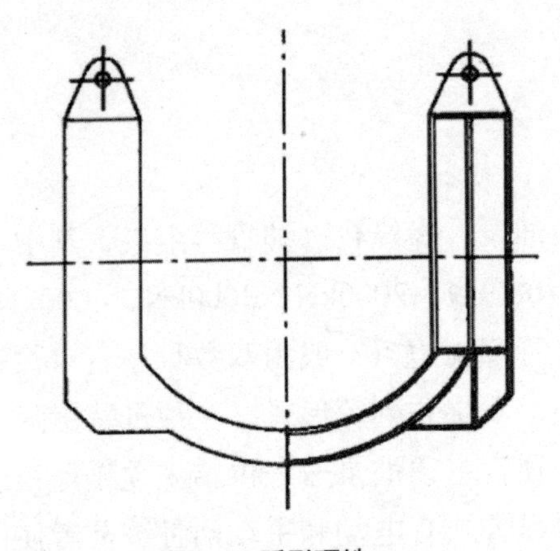

图 4-8　弧形顶铁

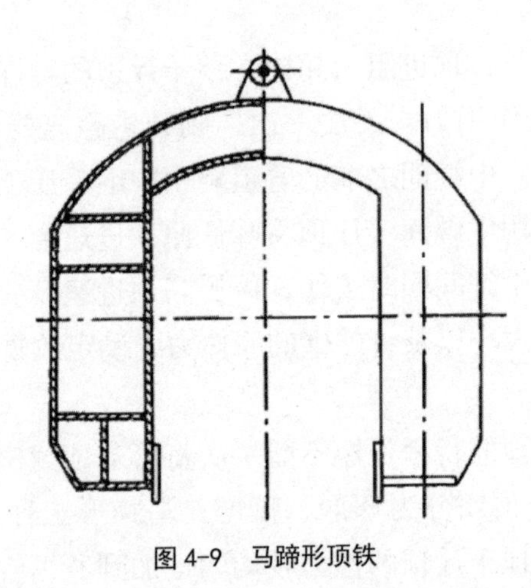

图 4-9　马蹄形顶铁

（4）后座墙

后座墙是主顶千斤顶的支承结构，后座墙由两大部分组成：一部分是用混凝土浇筑成的墙体，亦有采用原土后座墙的；另一部分是靠主顶千斤顶尾部的厚铁板或钢结构件，称之为钢后靠，钢后靠的作用是尽量把主顶千斤顶的反力分散开来。

（5）导轨

顶进导轨由两根平行的轨道所组成，作用是使管节在工作井内有一个较稳定的导向，引导管段按设计的轴线顶入土中，同时使顶铁能在导轨面上滑动。在钢管顶进过程中，导轨也是钢管焊接的基准装置。导轨应选用钢质材料制作，可用轻轨、重轨、型钢或滚轮做成。

①导轨安装应满足的要求

安装后导轨应当牢固，不得在使用中产生位移；

基底务求平整，满足设计高程要求；

导轨铺设必须严格控制内距、中心线、高程，其纵坡要求与管道纵坡一致；

导轨材料必须顺直，一般采用 43kg/m 重型钢轨制成，也可视实际条件采用 18kg/m 轻型钢轨，或用 150mm × 150mm 方木制成木导轨。

②导轨间内距

导轨通常是铺设在基础之上的钢轨或方木，管中心至两钢轨的圆心角在 70° ～ 90° 之间。

两导轨内距计算公式如下：

$$A = 2\sqrt{(D+2t)(h-c)-(h-c)^2}$$

式中 D——待顶管内径（m）；

t——待顶管壁厚（m）；

h——导轨高（m）；

c——管外壁与基础面垂直净距，为 0.01 ～ 0.03m。

③导轨安装要求和允许偏差

导轨应顺直、平行、等高，其纵坡应与管道设计坡度一致；导轨安装的允许偏差应为：轴线位置为 3mm；顶面高程为 0 ～ + 3mm；两轨内距为 ± 2mm。

3. 泥水输送设备（进排泥泵）

进排泥泵是泥水式顶管施工中用于进水输送和泥水排送的水泵，是一种离心式水泵，前者称为进水泵或进泥泵，后者称为排泥泵。

不是所有的离心泵都能担任泥水式顶管施工中的进排泥泵的，选用时应遵循下述四条原则，即泵应具备的条件。

不仅能泵送清水，而且能泵送比重 1.3 以下的泥水的离心泵才可被选作进排泥泵。

由于被输送的泥水中有大量的砂粒，对泵的磨损特别大，因此，选用的泵应具有很强的耐磨性能，包括密封件也应有很高的耐磨性能。只有这类离心泵可以被选为进排泥泵。

输送的泥水中，可能有较大的块状、条状或纤维状物体。其中，块状物可能是坚硬的卵石，也可能是黏土团。而进排泥泵在输送带有上述物体过程中不应受到堵塞，尤其是有输送粒径占进排泥管直径 1/3 的块状物时，泵的叶轮不允许卡死。

泵能在额定流量和扬程下长期连续工作，并且寿命比较长，故障比较少，效率比较高。

只有具备了以上四个条件，离心泵才可被选作进排泥泵。

4. 测量设备

管道顶进中应不断观测管道的位置和高程是否满足设计要求。顶进过程中及时测量纠偏，一般每推进 1m 应测定标高和中心线一次，特别对正在入土的第一节管的观测尤为重要，纠偏时应增加测量次数。

（1）测量

①水准仪测平面与高程位置

用水准仪测平面位置的方法是在待测管首端固定一个小十字架，在坑内架设一台水准仪，使水准仪十字对准十字架。顶进时，若出现十字架与水准仪上的十字丝发生偏离，即表明管道中心线发生了偏差。

用水准仪测高程位置的方法是在待测管首端固定一个小十字架，在坑内架设一台水准仪检测时，若十字架在管首端相对位置不变，其水准仪高程必然固定不变，只要量出十字架交点偏离的垂直距离，即可读出顶管顶进中的高程偏差。

②垂球法测平面与高程位置

在中心桩连线上悬吊的垂球示出了管道的方向。顶进中，若管道出现左右偏离，则垂球与小线必然偏离；再在第一节管端中心尺上沿顶进方向放置水准仪，若管道发生上下移动，则水准仪气泡也会发生偏移。

③激光经纬仪测平面与高程位置

采用架设在工作坑内的激光经纬仪照射到待测管首端的标示牌，即可测定顶进中的平面与高程的误差值。

（2）校正

①挖土校正

偏差值为 10 ~ 30mm 时可采用此法。当管子偏离设计中心一侧适当超挖，使迎面阻力减小，而在管子中心另一侧少挖或留台，使迎面阻力加大，形成力偶，让首节管子调向，借预留的土体迫使管子逐渐回位。

例如，如果发现顶进过程中管子“低头”，则在管顶处多挖土，管底处少挖土；如果顶进中管子“抬头”时，则在管前端下多挖土，管顶少挖土，这样再顶进时即可得以校正。

②强制校正法

强迫管节向正确方向偏移的方法。

衬垫法：在首节管的外侧局部管口位置垫上钢板或木板，迫使管子转向。

支顶法：应用支柱或千斤顶在管前设支撑，斜支于管口内的一侧，以强顶校正。

主压千斤顶法：一般在顶进 15m 内发现管中心偏差可用主压千斤顶进行校正。若管中心向左偏，则左管外侧顶铁比右侧顶铁加长 10 ~ 15mm，左顶力大于右侧而得到校正。

校正千斤顶法：在首节工具管之后安装校正环，校正环内有上、下、左、右几个校正千斤顶。若偏向哪侧，就开动相应侧的纠偏千斤顶。

③激光导向法

激光导向法是应用激光束极高的方向准直性这一特点，利用激光准直仪发射的光束，通过光点转换和有关电子线路来控制指挥液压传动机构，达到顶进的方向测量与偏差校正自动化。

纠偏时掌握条件，无论何种纠偏方法，都应在顶进中进行。顶进中要注意勤测勤纠，纠偏时要注意控制纠偏角度。

5. 注浆设备

现在的顶管施工都离不开润滑浆，也离不开注润滑浆的设备。只有当所顶进的管道的周边与土之间有一个很好的浆套把管子包裹起来，才能有较好的润滑和减摩作用。它的减摩效果有时可达到惊人的程度，即其综合摩擦阻力比没有注润滑浆的低一至两倍。

现在使用的注润滑浆设备大体有三类：一类是往复活塞式注浆泵，一类是曲杆泵，还有一类是胶管泵。

在往复活塞式的注浆泵中，有的是高压大流量的，有的是低压小流量的，而顶管施工中常用的则是低压小流量的，这种注浆泵在早期的顶管施工中使用得比较多。由于这种往复式泵有较大的脉动性，不能很好地形成一个完整的浆套包裹在管子的外周上，于是也就降低了注浆的效果。

为了弥补上述往复式注浆泵的不足，现在大多采用螺杆泵，也有称作为曲杆泵的注浆泵。这种泵体的构造较简单，外壳是一个橡胶套，套中间有一根螺杆。

当螺杆按设计的方向均匀地转动时，润滑浆的浆液就从进口吸入，从出口均匀地排出。

这种螺杆式注浆泵的最大特点是它所压出的浆液完全没有脉动，因此，由它输出的浆液就能够很好地挤入刚刚形成的管子与土之间的缝隙里，很容易在管子外周形成一个完整的浆套。但是，螺杆泵除了无脉动和有较大的自吸能力这两个优点以外，也有两个较大的缺点，那就是浆液里不能有较大的颗粒和尖锐的杂质，如玻璃等。如果有了，那就很容易损坏橡胶套，从而使泵的工作效率下降或无法正常工作。另外，螺杆泵绝对不能在无浆液的情况下空转，一空转就会损坏。

第三种注浆泵是胶管泵。这类泵在国内的顶管中使用得很少，国外则应用得较普遍。

它的工作原理如下：当转动架按图中箭头所指示的方向旋转时，压轮把胶管内的浆液由泵下部的吸入口向上部的排出口压出，而挡轮则分别挡在胶管的两侧。当下部的压轮一边往上压的时候，胶管内已没有浆液。这时，由于胶管的弹性作用，在其恢复圆形断面的过程中把浆液从吸入口又吸到胶管内，等待下一个压轮来挤压，这样不断重复下去，就能使泵正常工作了。

这种胶管泵除了脉动比较小外，还有以下特点：

一是可输送颗粒含量较多较大的黏度高的浆液。

二是经久耐用，保养方便。

三是即使空转也不会损坏。

6. 吊装设备

用于顶管施工的起重设备大体有两类：一类是行车，另一类是吊车。

用于顶管的行车自 5t 开始到 30t 为止，各种规格都有。它起吊吨位的大小与顶进的管径有关，管径小的用起吊吨位小的行车，管径大的则用起吊吨位大的行车。一般而言，决定起吊吨位大小的主要因素是所顶管节的重量。如管节重量小于 5t 则可选用 5t 的行车，若管节重量为 9t 则应选用 10t 的行车，等等。

顶管施工中所用的另一类起重设备就是吊车。吊车的类型有汽车吊、履带吊、轮胎吊等。使用吊车时其起吊半径较小，没有行车灵活，而且随着活动半径的增大起重吨位下降。另外，吊车自重比较大，所停的工作坑边要有非常坚固的地基。吊车的噪声也比较大。除非行车的起重量不够，不能起吊诸如掘进机等大的设备，这时才采用吊车，一般情况下多采用行车。

7. 通风设备

在长距离顶管中，通风是一个不容忽视的问题。因为长距离顶进过程的时间比较长，人员在管子内要消耗大量的氧气，久而久之，管内就会缺氧，影响作业人员的健康。另外，管内的涂料，尤其是钢管内的涂料会散发出一些有害气体，也必须用大量新鲜空气来稀释。还有在掘进过程中可能会遇到一些土层内的有害气体逸出，也会影响作业人员的健康，这在手掘式及土压式中表现较为明显。还有，在作业过程中还会有一些粉尘飘荡在空气中，也会影响作业人员的健康。最后还有钢管焊接过程中有许多有害烟雾，它不仅影响作业人员的健康，而且也影响测量工作。以上这些问题，都必须靠通风来解决。

就通风的形式，常用的有三种：鼓风式、抽风式和组合式。

鼓风式通风是把风机置于工作井的地面上，且在进风口附近的环境要好一些，把地面上的新鲜空气通过鼓风机和风筒鼓到掘进机或工具管内。

抽风式通风又称吸入式抽风，它是将抽风机安装在工作坑的地面上，把抽风管道一直通到挖掘面或掘进机操作室内。

组合式通风的基本形式有两种：一种是长鼓短抽，另一种是长抽短鼓。所谓长鼓短抽就是以鼓风为主、抽风为辅的组合通风系统。在该系统中鼓风的距离长，风筒长；抽风的距离短，风筒也短。另一种以抽风为主的通风系统称为长抽短鼓，即抽风距离比较长，鼓风距离比较短。

8. 照明设备

一般有高压网和低压网两种。小管径、短距离顶管中一般直接供电，380V 动力电源送至掘进机中，大管径、长距离顶管中一般用高压电输送，经变压器降压 380V 后送至掘进机的电源箱中。照明用电一般为 220V 电源。

（三）顶管工作井的基本知识

1. 工作坑和接收坑的种类

顶管施工虽不需要开挖地面，但在工作坑和接收坑处则必须开挖。

工作坑是安放所有顶进设备的场所，也是顶管掘进机或工具管的始发地，同时又是承受主顶油缸反作用力的构筑物。

接收坑则是接收顶管掘进机或工具管的场所。工作坑比接收坑坚固、可靠，尺寸也较大。工作坑和接收坑按形状来区分，有矩形的、圆形的、腰圆形的、多边形的几种。

工作坑和接收坑按结构来分，有钢筋混凝土坑、钢板桩坑、瓦楞钢板坑等。在土质条件好而所顶管子口径比较小、顶进距离又不长的情况下，工作坑和接收坑也可采用放坡开挖式，只不过在工作坑中要浇筑一堵后座墙。

工作坑和接收坑如果按构筑方法分，则可分为沉井坑、地下连续墙坑、钢板桩坑、混凝土砌块或钢瓦楞板拼装坑以及采用特殊施工方法构筑的坑等。

2. 工作坑和接收坑的选取原则

首先，在工作坑和接收坑的选址上应尽量避开房屋、地下管线、河塘、架空电线等不利于顶管施工作业的场所。尤其是工作坑，它不仅在坑内布置有大量设备，而且在地面上又要有堆放管子、注浆材料和提供渣土运输或泥浆沉淀池以及其他材料堆放的场地，还要有排水管道等。

其次，在工作坑和接收坑的选定上也要根据顶管施工全线的情况，选取合理的工作坑和接收坑的个数。我们知道，工作坑的构筑成本肯定会大于接收坑。因此，在全线范围内，应尽可能地把工作坑的数量降到最少。同时还要尽可能地在一个工作坑中向正反两个方向顶，这样会减少顶管设备转移的次数，从而有利于缩短施工周期。例如，有两段相连通的顶管，这时要尽可能地把工作坑设在两段顶管的连接处，分别向两边两个接收坑顶。设一个工作坑和两个接收坑，这样比较合理。

最后，在选取哪一种工作坑和接收坑时，也应全盘综合考虑，然后再不断优化。

（四）顶管施工

1. 一般规定

施工前应进行现场调查研究，并对建设单位提供的工程沿线的有关工程地质、水文地质和周围的环境情况，以及沿线地下与地上管线、周边建（构）筑物、障碍物及其他设施的详细资料进行核实确认；必要时应进行坑探。

施工前应编制施工方案，包括下列主要内容：顶进方法以及顶管段单元长度的确定；顶管机选型及各类设备的规格、型号及数量；工作井位置选择、结构类型及其洞口封门设计；管节、接口选型及检验、内外防腐处理；顶管进、出洞口技术措施，地基改良措施；顶力计算、后背设计和中继间设置；减阻剂选择及相应技术措施；施工测量、纠偏的方法；曲线顶进及垂直顶升的技术控制及措施；地表及构筑物变形与形变监测和控制措施；安全技术措施，应急预案。

施工前应根据工程水文地质条件、现场施工条件、周围环境等因素，进行安全风险评估，并制定防止发生事故以及事故处理的应急预案，备足应急抢险设备、器材等物资。

根据工程设计、施工方法、工程和水文地质条件，对邻近建（构）筑物、管线，应采用土体加固或其他有效的保护措施。

施工中应根据设计要求、工程特点及有关规定，对管（隧）道沿线影响范围地表或地下管线等建（构）筑物设置观测点，进行监控测量。监控测量的信息应及时反馈，以指导施工，发现问题应及时处理。

监控测量的控制点（桩）设置应符合《给排水管道工程施工及验收规范》的规定，每次测量前应对控制点（桩）进行复核，如有扰动，应进行校正或重新补设。

施工设备、装置应满足施工要求，并符合下列规定：

施工设备、主要配套设备和辅助系统安装完成后，应经试运行及安全性检验，合格后方可掘进作业。

操作人员应经过培训，掌握设备操作要领，熟悉施工方法、各项技术参数，考试合格方可上岗。

管道内涉及的水平运输设备、注浆系统、喷浆系统以及其他辅助系统应满足施工技术要求和安全、文明施工要求。

照明应采用低压供电。

采用顶管、盾构、浅埋暗挖法施工的管道工程，应根据管道长度、施工方法和设备条件等确定管道内通风系统模式；设备供排风能力、管道内人员作业环境等还应满足国家有关标准规定。

采用起重设备或垂直运输系统：

起重设备必须经过起重荷载计算，使用前应按有关规定进行检查验收，合格后方可使用。

起重作业前应试吊，吊离地面 100mm 左右时，应检查重物捆扎情况和制动性能，确认安全后方可起吊；起吊时工作井内严禁站人。当吊运重物下井距作业面底部小于 500mm 时，操作人员方可近前工作。

严禁超负荷使用。

工作井上、下作业时必须有联络信号。

所有设备、装置在使用中应按规定定期检查、维修和保养。

2. 顶力计算与后背土体稳定验算

（1）顶力计算

顶管的顶力可根据管道所处土层的稳定性，地下水的影响，管径、材料和重量，顶进的方法和操作熟练程度，计划顶进长度，减阻措施，以及经验等因素，按下式计算：

$$P=\left(P_1+P_2\right)L+P_3$$

式中 P——计算的总顶力（kN）；

P_1——顶进时，管道单位长度周围土压力对管道产生的阻力（kN/m）；

P_2——顶进时，管道单位长度的自重与其周围土层之间的阻力（kN/m）；

L——管道的计算顶进长度（m）；

P_3——顶进时，工具管的迎面阻力（kN）。

管道单位长度周围土压力对管道产生的阻力 P_1，按下式计算：

$$P_1 = 2f\left(P_V + P_H\right)D_1$$

式中 P_v——管道单位长度上管顶以上的竖向土压力强度（kN/m^2），并按下式计算：

$$P_v = \gamma H$$

P_H——管道单位长度上的侧向土压力（kN/m^2），并按下式计算：

$$P_H = K_a\gamma\left(H + D_1/2\right)$$

式中 K_a——主动土压力系数，按下式计算：

$$K_a = \tan^2(45 - \varphi/2)$$

φ——土的内摩擦角（°）；

γ——管道所处土层的重力密度（kN/m^2）；

H——管道顶部以上覆盖土层的厚度（m）；

D——管道外直径（m）。

管道单位长度的自重与其周围土层之间的阻力 P_2，按下式计算：

$$P_2 = fW$$

式中 f——管道与其周围土层的摩擦系数，可按表 4-4 采用；

W——管道单位长度的自重（kN/m）。

工具管的迎面阻力 P_3 根据不同的顶进方法确定。

当采用人工掘进，且工具管顶部及其两侧允许超挖时，$P_3 = 0$；

当工具管顶部及其两侧不允许超挖或采用挤压顶管时，P_3 按下式计算：

$$P_3 = \pi D_{av}tR$$

当采用网格挤压法顶管时，P_3 按下式计算：

$$P_3=(\pi/4)\alpha D_1^2R$$

当采用土压平衡法和泥浆平衡法顶管时，P_3 按下式计算：

$$P_3=(\pi/4)D_1^2R$$

式中 D_{av}——工具管刃脚或挤压喇叭口的平均直径（m）；

t——工具管刃脚厚度或挤压喇叭口的平均宽度（m）；

R——手工掘进顶管法的工具管迎面阻力或挤压、网格挤压的挤压阻力，前者可采用 500kN/m²，后者按工具管前端中心处的被动土压力计算（kN/m²）；

D_1——工具管外直径（m）；

a——网格截面系数，一般取 0.6 ~ 1.0。

表 4-4　管道与周围土层的摩擦系数

土类	摩擦系数 f	
	湿	干
黏性土	0.2 ~ 0.3	0.4 ~ 0.5
砂性土	0.3 ~ 0.4	0.5 ~ 0.6

（2）后背土体稳定验算

后背是千斤顶的支撑结构，承受着管子顶进时的全部水平力，并将顶力均匀地分布在后座墙上。后座墙在顶进时承受所有阻力，故应具有足够稳定性。为保证顶进质量和施工安全，应进行后座墙的承载力计算，计算方法如下：

$$F_C=K_rB_0H(h+H/2)\gamma K_P$$

式中 F_C——后座墙的承载力（kN）；

K_r——后座墙的土坑系数，不打钢板桩 $K_r=0.85$，打钢板桩 $K_r=0.9+5h/H$；

B_0——后座墙的宽度（m）；

H——后座墙的高度（m）；

h——后座墙至地面的高度（m）；

γ——土的容重（kN/m³）；

K_P——被动土压系数，与土的内摩擦角 φ 有关，$K_P=\tan^2\left(45^\circ+\varphi/2\right)$。

一般以顶进管所承受的最大顶力为先决条件，反过来验算工作坑后座墙是否能承受最大顶力的反作用力。若工作坑能承受，那么这个最大顶进力为总顶进力；若后座墙不能承受，那么以后座墙能承受的最大顶进力为总顶进力。在施工全过程决不允许超过最大顶进力，否则会使管子被顶坏或后座墙被顶翻，有时会造成相当严重的后果，这在顶管施工中必须引起足够的重视。

3. 管道顶进技术

（1）技术措施

中继间技术，以满足长距离顶进要求；

管节表面熔蜡、触变泥浆套等减少顶进阻力措施，以减少管外壁摩擦阻力和稳定周围土体；

使用机械、水力等管内土体水平运输方式，以减少劳动强度，加快施工进度；

采用激光定向等测量技术，以保证顶进控制精度，缩短测量周期。

（2）中继间顶进规定

采用中继间顶进时，其设计顶力、设置数量和位置应符合施工方案，并应符合下列规定：

设计顶力严禁超过管材允许顶力。

第一个中继间的设计顶力，应保证其允许最大顶力能克服前方管道外壁摩擦阻力及顶管机的迎面阻力之和；而后续中继间设计顶力应克服两个中继间之间的管道外壁摩擦阻力。

确定中继间位置时，应留有足够的顶力安全系数，第一个中继间位置应根据经验确定并提前安装，同时考虑正面阻力反弹，防止地面沉降。

中继间密封装置宜采用径向可调式，密封配合面的加工精度和密封材料的质量应满足要求。

超深、超长距离顶管工程，中继间应具有可更换密封止水圈的功能。

（3）触变泥浆注浆工艺的规定

注浆工艺方案应包括：

泥浆配比、注浆量及压力的确定；

制备和输送泥浆的设备及其安装；

注浆工艺、注浆系统及注浆孔的布置。

确保顶进时管外壁和土体之间的间隙能形成稳定、连续的泥浆套。

泥浆材料的选择、组成和技术指标要求，应经现场试验确定；顶管机尾部同步注浆宜选择黏度较高、失水量小、稳定性好的材料；补浆的材料宜黏滞小、流动性好。

触变泥浆应搅拌均匀，并具有下列性能：

在输送和注浆过程中应呈胶状液体，具有相应的流动性；

注浆后经一定的静置时间应呈胶凝状，具有一定的固结强度；

管道顶进时，触变泥浆被扰动后胶凝结构破坏，又呈胶状液体；

触变泥浆材料对环境无危害。

顶管机尾部的后续几节管节应连续设置注浆孔。

应遵循“同步注浆与补浆相结合”和“先注后顶、随顶随注、及时补浆”的原则，制定合理的注浆工艺。

施工中应对触变泥浆的黏度、重度、pH 值，注浆压力，注浆量进行检测。

（4）控制地层变形

根据工程实际情况正确选择顶管机，顶进中对地层变形的控制应符合下列要求：

通过信息化施工，优化顶进的控制参数，使地层变形最小。

采用同步注浆和补浆，及时填充管外壁与土体之间的施工间隙，避免管道外壁土体扰动。

发生偏差应及时纠偏。

避免管节接口、中继间、工作井洞口及顶管机尾部等部位的水土流失和泥浆渗漏，并确保管节接口端面完好。

保持开挖量与出土量的平衡。

（5）施工测量

顶管施工测量一般建立独立的相对坐标，设工作坑及接收坑的中心连线是 z 轴，工作坑的竖直方向是 y 轴，两轴的零点位置根据现场情况确定，如可以把顶进方向的工作坑壁作为零点。

顶管测量分中心水平测量和高程测量两种，一般采用经纬仪和水准仪，测站设在千斤顶的中间。

中心水平误差的测量是先在地面上精确地测定管轴线的方位，再用重球或天地仪将管轴线引至工作坑内，然后利用经纬仪直接测定顶进方向的左右偏差。随着顶进距离的增加，经纬仪测量越来越困难，当顶管距离超过 300 ~ 400m 时应采用激光指向仪或计算机光靶测量。

高程方向的误差一般采用水准仪测量。当管道距离较长时，宜采用水位连通器。这种方法是在工作坑内设置水槽，确立基准水平面；工具管后侧设立水位标尺，水槽与水位标尺间以充满水的软管相连，则可以水准面测定高差。

（6）误差校正

产生顶管误差的原因很多。开挖时不注意坑道形状质量，坑道一次挖进深度较大；工作面土质不匀，管子向软土一侧偏斜；千斤顶安装位置不正确会导致管子受偏心顶力、并列的两个千斤顶的出程速度不一致、后背倾斜等。另外，在弱土层或流砂层内顶进管端很容易下陷；机械掘进的工具管重量较大使管端下陷；管前端堆土过多，外运不及时时管端下陷等。

顶管过程中，如果发现高程或水平方向出现偏差，应及时纠正，否则偏差将随着顶进长度的增加而增大。

二、其他施工方法简介

（一）盾构法施工

1. 盾构的定义

盾构机，简称盾构，全名叫盾构隧道掘进机，是一种隧道掘进的专用工程机械。它是一个横断面外形与隧道横断面外形相同，尺寸稍大，利用回旋刀具开挖，内藏排土机具，自身设有保护外壳用于暗挖隧道的机械。

2. 盾构机的发展

通过对土压平衡式、泥水式盾构机中的关键技术，如盾构机的有效密封，确保开挖面的稳定、控制地表隆起及塌陷在规定范围之内，刀具的使用寿命以及在密封条件下的刀具更换，对一些恶劣地质如高水压条件的处理技术等方面的探索和研究解决，使盾构机有了很快的发展。材料科学的发展将能够制造功能更强、缺陷更少的切割刀具，使得机器可以运行数百公里而无须停顿更换刀具。现在，盾构机力求实现机器的地面控制，从而避免为保证隧道内人员安全而采取的各种产生昂贵费用的措施，在一些小型隧道上已经实现。

3. 盾构机的原理

盾构机的基本工作原理就是一个圆柱体的钢组件沿隧洞轴线边向前推进边对土壤进行挖掘。该圆柱体组件的壳体即护盾，它对挖掘出的还未衬砌的隧洞段起着临时支撑的作用，承受着周围土层的压力，有时还承受地下水压以及将地下水挡在外面。挖掘、排土、衬砌等作业在护盾的掩护下进行。

4. 盾构的基本构造

盾构通常由盾构壳体、推进系统、拼装系统、出土系统四部分组成。

5. 盾构机的特点

用盾构机进行隧洞施工具有自动化程度高、节省人力、施工速度快、一次成洞、不受气候影响、开挖时可控制地面沉降、减少对地面建筑物的影响和在水下开挖时不影响水面交通等特点。在隧洞洞线较长、埋深较大的情况下，用盾构机施工更为经济合理。现代盾构掘进机集光、机、电、液、传感、信息技术于一身，具有开挖切削土体、输送土碴、拼装隧道衬砌、测量导向纠偏等功能，而且要按照不同的地质进行“量体裁衣”式的设计制造，可靠性要求极高，已广泛应用于地铁、铁路、公路、市政、水电等隧道工程。

6. 盾构机的种类

盾构的分类较多，可按盾构切削面的形状，盾构自身构造的特征、尺寸的大小、功能，挖掘土体的方式，掘削面的挡土形式，稳定掘削面的加压方式，施工方法，适用土质的状况多种方式分类。下面按照盾构机内部是否有隔板分隔切削刀盘和内部设备进行分类。

（1）全敞开式盾构机

全敞开式盾构机的特点是掘削面敞露，故挖掘状态是干态状，所以出土效率高。适用于掘削面稳定性好的地层，对于自稳定性差的冲积地层应辅以压气、降水、注浆加固等措施。

①手工掘削盾构机

手工掘削盾构机的前面是敞开的，所以盾构的顶部装有防止掘削面顶端坍塌的活动前檐和使其伸缩的千斤顶。掘削面上每隔2 ~ 3m设有一道工作平台，即分割间隔为2 ~ 3m。另外，在支撑环柱上安装有正面支撑千斤顶。掘削面从上往下，掘削时按顺序调换正面支撑千斤顶，掘削下来的沙土从下部通过皮带传输机输给出土台车。掘削工具多为鹤嘴锄、风镐、铁锹等。

②半机械式盾构机

半机械式盾构机在人工式盾构机的基础上安装掘土机械和出土装置，以代替人工作业。掘土装置有铲斗、掘削头及两者兼备三种形式。具体装备形式为：铲斗、掘削头等装置设在掘削面的下部；铲斗装在掘削面的上半部，掘削头在下半部；掘削头和铲斗装在掘削面的中心。

③机械式盾构机

盾构机的前部装有旋转刀盘，故掘削能力大增。掘削下来的砂土由装在掘削刀盘上的旋转铲斗，经过斜槽送到输送机。由于掘削和排土连续进行，故能缩短工期，减少作业人员。

（2）部分开放式盾构机

即挤压式盾构机，其构造简单、造价低。挤压盾构适用于流塑性高、无自立性的软黏土层和粉砂层。

①半挤压式盾构机（局部挤压式盾构机）

在盾构的前端用胸板封闭以挡住土体，防止发生地层坍塌和水土涌入盾构内部的危险。盾构向前推进时，胸板挤压土层，土体从胸板上的局部开口处挤入盾构内，因此，可不必开挖，使掘进效率提高，劳动条件改善。这种盾构称为半挤压式盾构，或局部挤压式盾构。

②全挤压式盾构机

在特殊条件下，可将胸板全部封闭而不开口放土，构成全挤压式盾构。

③网格式盾构机

在挤压式盾构的基础上加以改进，可形成一种胸板为网格的网格式盾构，其构造是在盾构切口环的前端设置网格梁，与隔板组成许多小格子的胸板；借土的凝聚力，网格胸板可对开挖面土体起支撑作用。当盾构推进时，土体克服网格阻力从网格内挤入，把土体切成许多条状土块，在网格的后面设有提土转盘，将土块提升到盾构中心的刮板运输机上并运出盾构，然后装箱外运。

（3）封闭式盾构机

①泥水式盾构机

泥水式盾构机是在机械式盾构的刀盘的后侧，设置一道封闭隔板，隔板与刀盘间的空间定名为泥水仓。把水、黏土及其添加剂混合制成的泥水，经输送管道压入泥水仓，泥水充满整个泥水仓，并具有一定压力后，形成泥水压力室。通过泥水的加压作用和压力保持机构，能够维持开挖工作面的稳定。盾构推进时，旋转刀盘切削下来的土砂经搅拌装置搅拌后形成高浓度泥水，用流体输送方式送到地面泥水分离系统，将渣土、水分离后送回泥水仓，这就是泥水加压平衡式盾构法的主要特征。因为是靠泥水压力使掘削面稳定平衡，故得名泥水加压平衡盾构，简称泥水盾构。

②土压式盾构机

土压式盾构机把土料（必要时添加泡沫等对土壤进行改良）作为稳定开挖面的介质，刀盘后隔板与开挖面之间形成泥土室，刀盘旋转开挖使泥土料增加，再由螺旋输料器旋转将土料运出，泥土室内土压可由刀盘旋转开挖速度和螺旋输出料器出土量（旋转速度）进行调节。它又可细分为削土加压盾构、加水土压盾构、加泥土压盾构和复合土压盾构。

（二）水平定向钻

1. 概述

定向钻源于海上钻井平台钻进技术，现用于敷设管道，钻进方向由垂直方向变成水平方向，为了区分冠以“水平”二字，称“水平定向钻”，简称“定向钻”。

水平定向钻在管道非开挖施工中对地面破坏最少，施工速度最快。管轴线一般成曲线，可以非常方便地穿越河流、道路、地下障碍物。因其有显著的环境效益，施工成本低，目前已在天然气、自来水、电力和电信部门广泛采用。

定向钻的轴线一般是各种形状的曲线，管道在敷设中要随之弯曲。所以，用水平定向钻敷设的管道受到直径的限制，不能太大。随着施工技术和定向精度的提高，水平定向钻敷管的管径也在增大，长距离穿越的最大管径已达Φ 1016mm。

2. 定向原理

钻机的钻进方向可定向的钻机称为定向钻机。用于敷设水平管道的定向钻机称为水平定向钻机。水平定向钻机敷管的关键技术就是钻头的定向钻进，这就是水平定向钻机与一般钻机的主要区别。

水平定向钻机的钻头是如何改变钻进方向的呢？钻头在钻进时受到两个来自钻机的力：推力和切削力。定向钻的钻头前面带有一个斜面，随着钻头的转动而改变倾斜方向。钻头连续回转时，在推力和切力的联合作用下则钻出一个直孔；钻头不回转时，斜面的倾斜方向不变，这时钻头在钻机的推力作用下向前移动，并朝着斜面指着的方向偏移，使钻进方向发生改变。所以，只要控制斜面的朝向，就控制住了钻进的方向。

3. 施工方法

用定向钻敷管分两步进行：

第一步，先钻导向孔。水平定向钻在管轴线的一侧下钻，钻头在受控的情况下穿过河床、穿越公路或铁路、绕过地下障碍物，最后在管轴线的另一侧钻出地面完成导向孔的施工。管轴线两端一般不设发射坑和接收坑，钻机直接从地面以小角度下钻。只有管道纵向刚度较大难以变向，或者施工场地较小等特殊情况下，才设发射坑、接收坑。

第二步，扩孔和敷管。导向孔完成后将钻杆回拖。回拖前钻杆末端装上扩孔器，在回拖过程中同时扩孔，视工程需要可回扩数次。最后一次回扩时，将需要敷设的管道通过回转接头与扩孔器连接，并随着钻杆的回拖拉入扩大了的钻孔内，直至拖出地面。

导向孔施工和扩孔时一般采用循环泥浆（钻进液），泥浆从钻杆尾部压向钻头，其作用如下：

润滑、冷却钻头，减少钻杆与土的摩阻力；

软化土体，利于钻头的切削；

孔内起护壁作用，防止孔壁坍塌；

弃土的输送载体，随着泥浆排出孔外。

泥浆通常是膨润土与水的混合物，它能使弃土和岩屑处于悬浮状态，通过泥浆的循环携带出钻孔外，泥浆经过沉淀和过滤除去弃土和岩屑再送到钻杆头部，如此循环。根据不同地质，泥浆的配方是不同的。对于孔壁稳定较差的土体，泥浆比重要大，以增加泥浆护壁的压力；对于孔隙率较大的土质，泥浆的黏度要大，以减少泥浆的流失。

水平钻进的施工难易程度与地层类型有关。通常均质黏土地层最容易钻进；砂土层要难一些，尤其是处于地下水位以下的不稳定砂土层；在砾石层中钻进会加速钻头的磨损。

水平定向钻敷管工程的难度主要决定于管轴线的弯曲程度和敷设管道的刚度。具体表现在以下方面：穿越长度、穿越深度、管径、管壁厚度、管材和地层性质。对于同等能力的钻机，管径越小，则穿越长度越长；同一管径的管壁越薄，则穿越长度越长；穿越深度越小，轴线必然平稳，则穿越长度越长；土质条件越好，则穿越长度越长。工程难度应由上述因素综合评定。

4. 钻机

水平定向钻机是定向钻敷管法的主要机具。水平钻机可大致分为两类：地表发射的和坑内发射的。地表发射的最为普遍。

坑内发射钻机固定在发射坑中，利用坑的前、后壁承受给进力和回拉力。采用这类钻机，施工用地较小，一般用于穿越长度较短、轴线比较平缓的工程。

地表发射钻机一般用锚固桩固定，固定方式较多，其中用液压方式固定较为方便。这类钻机通常为履带式，可依靠自身的动力自行走进工地。铺设新管时它们不需要发射坑和接收坑。

大多数水平钻机，带有一个钻杆自动装卸系统，定长的钻杆装在一个“传送盘”上，随钻进或回扩的过程而自动加、减钻杆，并自动拧紧或卸开螺纹。钻杆自动装卸系统加快了施工速度，提高了施工安全度和减小了劳动强度，因而应用日益普遍，即使在小型钻机上也是如此。

水平定向钻机的重要技术指标是钻机的最大扭矩、轴向最大给进力和最大回拖力。钻机依靠钻杆扭矩和加在钻杆上的给进力完成钻孔，依靠扭矩和回拖力完成扩孔和拖管。

水平定向钻有大、中、小机型之分：最大推拉力，小到 10kN 左右，大到 4500kN；最大扭矩，小到 2000N· m，大到 90 000N· m；要根据工程对象选择定向转机。

定向钻的导向钻进速度很快，砂性土中的钻进速度为 60 ~ 80m/d，软弱的黏性土中钻进可达 200m/d，但遇到坚硬的地层或大块的砾石，速度就会下降很多。

水平钻进，不需要提供深度信息。下潜段和上升段的长度一般是管轴线埋深的 4 ~ 5 倍，最小转弯半径应大于 30 ~ 42m。

5. 导向系统

水平定向钻钻孔时一般要依靠导向系统。

导向系统有两大类，最常用的是手持式导向系统。手持式导向系统由安装在钻头后部空腔内的探头（信号棒）和地面接收器组成，探头发出的无线信号由地面接收器接收。从接收器除可以得到钻头的位置、深度外，还可以得到钻头倾角、钻头斜面的面向角、电池电量和探头温度等信息。使用手持式导向系统时要求其接收器必须能直接到达钻头的上方，而且能接收到足够强的信号。因此，它的使用受到某些条件限制，例如过较大的河流，地面有较大建筑物，附近有强磁场干扰区域，这些情况都不能使用。另一种是有缆式导向系统。有缆式导向系统仍要求在钻头后部安装探头，通过钻杆内的电缆向控制台发送信号，可以得到钻头倾角、钻头的面向角、电池电量和探头温度等信息，但不能提供深度信号，因此仍然需要地面接收器。虽然电缆线增加了施工的操作，但由于不依靠无线传送信号，因此避免了手持式导向系统的不足，适用于长距离穿越。

管道长距离穿越的轴线可分成三个区段：下潜段、水平段和上升段。下潜段和上升段要放在地面接收器可以到达的范围；水平段要放在江河的下面，这段的控制要求钻头在原来的标高上保持水平钻进，不需要提供深度信息。

6. 钻机的附属设备

（1）泥浆系统

泥浆系统一般是集装式的，其中包括泥浆搅拌桶、储浆池、泥浆泵和管路系统。较大的钻机，有的将储浆池分离出来。泥浆液通过钻杆内孔泵送到钻头，再从钻杆与孔之间的环形通道返回，并把破碎下来的弃土和钻屑携带至过滤系统，进行分离和再循环。

（2）钻杆

水平定向钻的钻杆要求有很高的机械性能，必须有足够的强度承受钻机给进力和回拖力，有足够的抗扭强度承受钻进时的扭矩，有足够的柔韧性以适应钻进时的方向改变；还要耐磨，尽可能地轻，以方便运输和操作。

（3）回扩器

回扩器大多为子弹头形状，上面安装有碳化钨合金齿和喷嘴。扩孔器的后部有一个回转接头与工作管的拉管接头相连。

（4）拉管接头

拉管接头不但要牢固地和敷设管道连接，而且要求管道密封，防止钻进液或碎屑进入管道，这对饮用水管特别重要。

（5）回转接头

回转接头是扩孔和拉管操作中的基本构件，安装在拉管接头与回扩器之间。拖入的管道是不能回转的，而回扩器是要回转的，因此两者之间需要安装回转接头。回转接头必须密封可靠，严格防止泥浆和碎屑进入回转接头中的轴承。

为了保护敷设管道不受损坏，设计了一种“断路式回转接头”。断路式回转接头可在超过设定载荷时将销钉断开，以保护工作管道。

7. 适用范围

（1）适用地质

水平定向钻适用土层为黏性土和砂土，且地基标准贯入锤击数值宜小于 30°，若混有砾石，其粒径宜在 150mm 以下。

（2）适用管材

水平定向钻敷设的常用管材是聚氯乙烯管（PVC 管）、高密度聚乙烯管（HDPE 管）和钢管。

（三）气动矛

1. 简介

气动矛类似于一个卧放的风镐，在压缩空气的驱动下，推动活塞不断打击气动矛的头部，将土排向周边，并将土体压密。同时气动矛不断向前行进，形成先导孔。先导孔完成后，管道便可直接拖入或随后拉入，也可以通过拉扩法将钻孔扩大，以便铺设更大直径的管道。

气动矛可以用于铺设较短距离、较小直径的通信电缆、动力电缆、煤气管及上下水管，具有施工进度快、经济合理的特点。例如，干管通入建筑物的支管线连接、街道和铁路路堤的横向穿越、煤气管网的入户。气动矛的成孔速度很快，平均为 12m/h。

2. 气动矛的构造

气动矛的构造因厂而异，基本原理相同，构造上的不同之处主要在气阀的换气方式。一般的气动矛前端都有一个阶梯状由小到大的头部，受到活塞的冲击后向前推进。活塞后部有一个配气阀和排气孔。整个气动矛向前移动时，都依靠连接在其尾部的软管来供应压缩空气。

气动矛的外径一般为 45 ～ 180mm。活塞冲击频率为 200 ～ 570 次 / 分。压缩空气的压力为 0.6 ～ 0.7MPa。

近来又有定向气动矛面市。定向气动矛也是由压缩空气驱动，并借助标准的导向仪引导方向。传感器置于气动矛前腔室内，给显示器提供倾角及转动信息。地面上的手动定位装置可精确跟踪气功矛的位置和深度。

3. 气动矛的施工方法

气动矛是不排土的，因此要求覆盖层有一定的厚度，一般为管径的 10 倍。不排土施工的问题是成孔后要缩孔，因此要求敷设成品管的管径应比气动矛的外径小 10% ～ 15%，具体尺寸还须根据土质而定。成品管管径要小的另一个原因是为了减少送管时的摩擦阻力。

气动矛可施工的长度与口径有关，小的口径通常不超过 15mm，较大口径一般在 30 ～ 150mm 之间。因为施工长度与矛的冲击力、地质条件有关，如果条件对施工有利，施工长度还可以增加。根据不同土壤结构，定向气动矛的最小弯曲半径为 27 ～ 30m。

4. 适用范围

气动矛适用的地层一般是可压缩的土层，例如淤泥、淤泥质黏土、软黏土、粉质黏土、黏质粉土、非密实的砂土等。在砂层和淤泥中施工，则要求在气动矛之后直接拖入套管或成品管，这样做不仅能保护孔壁，而且可提供排气通道。

气动矛适用于管径为 150mm 及以下的 PVC 管、PE 管和钢管。

（四）夯管锤

1. 简介

夯管锤类似于卧放的气锤，是气动矛的互补机型，都是以压缩空气为动力。不同的是：夯管锤铺设的管道较气动矛大；夯管锤施工时与气动矛相反，始终处于管道的末端；夯管锤铺管不像气动矛那样对土有挤压，因此管顶覆盖层可以较浅。

夯管锤铺设较短距离、较大直径的管道具有突出的优点，适用于排水、自来水、电力、通信、油气等管道穿越公路、铁路、建筑物和小型河流，是一种简单、经济、有效的施工技术。

2. 铺管原理

夯管锤是一个低频、大冲击力的气动冲击器，可将铺设的钢管沿设计轴线直接夯入地层。夯管锤对管道的冲击和振动作用，能使进入钢管内的土心疏松（干性土）或产生液化（潮湿土），对于绝大部分土层，土心均能随着钢管夯入地层而徐徐地进入管道内，这样既能减小夯管时的管端阻力，又能避免造成地面隆起。同时，振动作用也可减少钢管与地层之间的摩擦力。夯管锤的冲击力还可使比管径小的砾石或块石进入管内，比管径大的砾石或块石被管头击碎。

3. 施工

夯管锤施工比较简单，只需要在平行的工字钢上正确地校准夯管锤与第一节钢管轴线，使其一致，同时又符合设计轴线就可以了，不需要牢固的混凝土基础和复杂的导轨。为了避免损坏第一根钢管的管口，并防止变形，可装配一个外径较大、内径较小的钢质切削管头。这样可以减少土体对钢管内外表面的摩擦，同时也能对管道的内外涂层起到保护作用。

夯管锤依靠锤击的力量将钢管夯入土中。当前一节钢管入土后，后一节钢管焊接接长再夯，如此重复直至夯入最后一节钢管。钢管到位后，取下管头，再将管中的土心排出管外。排出土心可用高压水枪，冲成泥浆后流出管外。

夯管锤铺管长度与土质好坏、锤击力大小、管径的大小、要求轴线的精度有关。一般为 80m 左右。如果使用适当，还可增加，最长已达 150m。

夯管锤铺管效率高，每小时可夯管 10 ~ 30m。施工精度一般可控制在 2% 范围内。

4. 主机——夯管锤

目前，夯管锤锤体直径一般在 Φ 95 ~ Φ 600mm 范围，可铺管直径从几厘米到几米。夯管锤可水平夯管，也可垂直夯管，水平夯管的管径较小，一般在 Φ 800mm 或者更小。因此，水平管的夯管锤也较小，锤体在 300mm 左右，冲击力有 3000kN 就可满足了。夯管锤的撞击频率一般为 280 ~ 430 次 / 分。

5. 主要配套设备

（1）空压机

夯管锤动力是空压机，压力为 0.5 ~ 0.7MPa，其排量根据不同型号夯管锤的耗气量而定。

（2）连接固定系统

连接固定系统由夯管头、出土器、调节锥套和张紧器组成。夯管头用于防止钢管端部因承受巨大的冲击力而损坏；出土器用于排出在夯管过程中进入钢管内又从钢管的另一端挤出的土体；调节锥套用于调节钢管直径、出土器直径和夯管锤直径间的相配关系。夯管锤通过调节锥套、出土器和夯管头与钢管相连，并用张紧器将它们紧固在一起。

6. 适用范围

（1）适用地层

除岩层和有大量地下水以外的所有地层均可用夯管锤铺管，但在坚硬土层、干砂层和卵石含量超过 50% 的地层中铺管难度较大。

（2）适用管材

钢管。

（3）适用长度

一般不大于 80m。

第五章　市政给水排水管道穿越施工

第一节　管道穿越河流

给排水管道可采用河底穿越与河面跨越两种形式通过河流。以倒虹管做河底穿越的施工方法可采用顶管；围堰，河底开挖埋置；水下挖泥，拖运，沉管铺筑等方法。河面跨越的施工方法可采用沿公路桥附设、管桥架设等方法。

一、管道过河方式的选择

当城镇输配水管道穿越江河流域时，应将施工方案报经河道管理部门、环保部门等相关单位，经同意后方可实施。在确定方案时应考虑河道的特性（如河床断面、流量、深度、地质等），通航情况，管道的水压、材质、管径，施工条件，机械设备等情况，并经过技术经济比较分析后确定。

管道过河方法的选择应考虑河床断面的宽度、深度、水位、流量、地质等条件；过河管道水压、管材、管径；河岸工程地质条件；施工条件及作业机具布设的可能性等。

穿越河道的方式有：倒虹吸管河底穿越；设专用管桥或桥面设有管道专用通道；桁架式、拱管式等河面跨越。

顶管法穿越，适用于河底较高、河底土质较好、过河管管径较小的情况，施工方便，节省人力、物力，但安全度较差。

围堰法穿越，适用于河面不太宽、水流不急且不通航的条件下，施工技术条件要求较高，钢管、铸铁管、预（自）应力钢筋混凝土管过河均可。它易被洪水冲击，工作量较大。

沉浮法穿越，适用于河床不受水流影响的任何条件，它适用面较宽，一般河流均可采用，不影响通航与河水正常流动，但沉浮法穿越，水下挖沟与装管难度较大，施工技术要求高。

沿公路桥过河，要求公路桥具有永久性。它简便易行，节省人力、物力，但须采取防冻措施。

管桥过河，适用于河流不太宽、两岸土质较好的条件下，施工难度不大，能在无公路桥的条件下架设过河，比较费时费力。

二、水下铺筑倒虹管

（一）倒虹管的概念

倒虹管是指遇到河流、山涧、洼地或地下构筑物等障碍物时，不能按原有的坡度埋设，而是按下凹的折线方式将给排水管道从障碍物下通过，形成的凹近U形管道。

（二）倒虹管的铺筑要求

为保证不间断供水，给水管道从河底穿过敷设时，过河段一般设置双线，其位置宜设在河床、河岸不受冲刷的地段；两端设置阀门井、排气阀与排水装置。为了防止河底被冲刷而损坏管道，不通航河流管顶距河底高差应不小于0.5m；通航河流其高差应不小于1.0m。

排水管道河底埋管的设施要求与施工方法与给水管道河底埋管基本相同，排水管道的倒虹管一般采用钢筋混凝土管，也可采用钢管。

确定倒虹管的路线时，应尽可能与障碍物正交通过，以缩短倒虹管的长度，并应选择在河床和河岸较稳定、不易被水冲刷的地段及埋深较小的部位敷设。

穿过河道的倒虹管管顶与河床底面的垂直距离一般不小于0.5m，其工作管线一般不少于两条。当排水量不大，不通达到设计流量时，其中一条可作为备用。如倒虹管穿过的是旱沟、小河和谷地时，也可单线敷设。通过构筑物的倒虹管，应符合与该构筑物相交的有关规定。

由于倒虹管的清通比一般管道困难得多，因此，必须采取各种措施来防止倒虹管内污泥的淤积，在设计时，可采取提高流速、做沉泥槽、设置防沉装置等措施。

倒虹管的施工方法主要有顶管施工、围堰施工、沉浮法施工三种。

三、架空管过河

跨越河道的架空管通常采用钢管，有时亦可采用铸铁管或预应力钢筋混凝土管。跨越区段较长时，应设置伸缩节，并于管线高处设自动排气阀；为了防止冰冻与震害，管道应采取保温措施，设置抗震柔口；在管道转弯等应力集中处应设置管镇墩。

（一）支柱式架空管

设置管道支柱时，应事前征得有关航运部门、航道管理部门及农田水利部门的同意，并协商确定管底高程、支柱断面、支柱跨距等。管道宜选择于河宽较窄、两岸地质条件较好的老土地段。

连接架空管和地下管之间的桥台部位，通常采用S弯部件，弯曲曲率为45°～90°。若地质条件较差时，可于地下管道与弯头连接处安装波形伸缩节，以适应管道不均匀沉陷的需要。

若处强震区地段，可在该处加设抗震柔口，以适应地震波引起管道沿轴向波动变形的需要。

（二）沿桥敷设施工

当管道与桥梁平行时，可沿桥敷设管道，利用桥梁梁体或墩台过河。

沿桥敷设施工的要点如下：

1. 支、吊、托架的制作

应符合设计要求，制作合乎规范。

2. 支、吊、拖架的安装

依据设计定出纵横位置，然后在桥上凿埋孔，安装位置应正确。

支、吊、托架插入埋孔，埋设应平整，牢固，砂浆饱满，但不应突出墙面。

3. 安装管道

管道可在地面上焊起一部分，吊在桥上，放入支、吊、拖架后再对接。

安装时，要注意管道与托架接触紧密。

滑动支架应灵活，滑托与滑槽间应留有 3 ~ 5mm 的间隙，并留有一定的偏移量。

4. 固定管道

依次旋紧支、吊、托架螺钉，个别管道与托架间有空隙处，应用铁楔插入，用电焊焊于管架上。

（三）斜拉管跨河

当河流较宽，不宜采用倒虹吸形式，也没有桥梁可敷设管线时，可采用斜拉管方式跨越河道，斜拉管跨河方式的跨径较大。作为一种新型的过河方式，斜拉索架空管道是采用高强度钢索或粗钢筋及钢管本身作为承重构件，可节省钢材。

1. 盘索运输

成盘运输可盘绕成不小于 30 倍直径的特制钢圆盘。

直接索绕成圆圈，其直径一般为 2.5 ~ 4m。

若有超高、超宽问题应先征得交通部门同意。

2. 直索运输

一般在工地现场编制，在送到施工部位时，不宜先做刚性护套。

做完刚性护套后用多台手拉葫芦将整索均匀吊起，要避免局部过小半径的弯曲。

平放在多台连接在一起的人力或动力拖车上，拖车间距小于5m，用连杆固定，拉索护套外应再包麻布临时保护。

3. 安装

将下端锚具装入梁体的预埋钢管，并旋紧螺母，使之固定。

用卷扬机钢丝绳拴住上端锚具，并通过转向滑轮将索徐徐拉近塔身，拖车配合，徐徐送索，并将上锚具进入预埋钢管，旋紧螺母，使之固定。

安装穿心式千斤顶，使之与张拉锚具连接准备张拉。

由低向高的顺序施工安装。

（四）拱管过河施工

拱管过河是利用钢管自身成拱做支承结构，起到了一管两用的作用，如图5-1所示。由于拱是受力结构，钢材强度较大，加上管壁较薄，故造价经济，因此，用于跨度较大的河流尤为适宜。

图5-1　拱管过河

1. 拱管的弯制

（1）先接后弯法

先将长度适当大于拱管总长的几根钢管焊接起来，而后在现场操作平台上采用卷扬机进行弯管。

弯管所用的模具与弯管的弧度正确与否有着极大关系，弯管作业时一定要做到牢固、准确，弯管的管子向模具靠紧速度要均匀，不宜过快。

为防止放松卷扬机钢丝绳之后管子回弹量过大，可在拉紧钢丝绳时，在拱管内侧用氧烘烤到管壁发红后即可放松钢丝绳。由于拱管内侧由高温降至低温开始收缩（收缩方向与回弹方向相反），待管壁温度降至常温时，回弹量得以减少。

（2）先弯后接法

先按拱管设计尺寸将管线分为适宜的几段，通常分为单数段（拱顶部分为一段，左右两个半跨对应分段），然后以分段的弧度及尺寸选择钢管，便可弯管焊制，钢管弯管可采用冷弯或热弯。采用冷弯时，管子尚有一定的回弹量。因此，在顶弯管子时，应当使管子的矢高较实际的矢高偏大一些，偏大多少应视不同管径与不同跨度通过试验决定。

拱管弧形管段弯成之后，按设计要求在平整的场地上进行预装，经测量合格之后方可焊接，焊毕应再行测量，应当保证拱管管段中心轴线在同一个平面上，不得出现扭曲现象。

2. 拱管的安装

（1）立杆安装法

当管径较小、跨度较短时，立杆安装可采用两根扒杆，河岸两边各一根，其中一根为独脚扒杆，另一根是摇头扒杆。起吊前，先将拱管摆置在两个管架的中间，吊装时两根扒杆同时起吊。

扒杆或悬臂将拱管提起之后，即送至两个管架上就位，由于管架上的水平托架已经焊死，因而拱管左右位置不致产生偏差，而前后位置以两端托架为准，用扒杆或悬臂加以调正，而拱管的垂直程度，则可用经纬仪在两端观测，用风绳予以校正。

自拱管两个托架安装并校正后，随即进行焊接。如发现托架与管身之间有空隙，可用铁片嵌入后予以焊接。

（2）履带式吊车安装法

这种方法适用于水面较窄的河流条件下。与立杆安装法相比，该法可以减少管子位移及立装扒杆等一些准备工作，可以加速施工速度，其安装作业过程和要求，与立杆安装法基本相同。

（3）拱管安装的注意事项

拱管控制的矢高跨度比为1∶6～1∶8，一般采用1∶8。

拱管由若干节短管焊接而成，每节短管长度为1.0～1.5m，各节短管焊接要求较高，须进行充气或油渗试验。

吊装时为避免拱管下垂变形或开裂，应在拱管中部加设临时钢索固定。

拱管安装完毕，应做通水试验，并观测拱管轴线与管架变位情况，必要时应做纠偏。

四、穿越公路与铁路

（一）穿越公路

当管网通过主要交通干道或繁忙街道时，应考虑管道除满足规定埋深外，还应加设比安装管道管径大一至二级的钢制或钢筋混凝土套管。施工方案尽可能选用顶管施工，以减轻由于施工对交通的堵塞。在施工前，应将施工方案报当地道路城建及交通警察部门认可。

（二）穿越铁路

管线穿越铁路时，穿越地点、方式和施工方法必须取得铁路有关部门的同意，并遵循有关穿越铁路的技术规范。管线穿越铁路时，一般应在路基下垂直穿越，铁路两端应设检查井，井内设阀门和泄水装置，以便检修。穿越铁路的水管应采用钢管或铸铁管。钢管应采取较强的防腐措施，铸铁管应采用青铅接口。管道穿越非主要铁路或临时铁路时，一般可不设套管。防护套管管顶(无防护套管时为水管管顶)至铁路轨底的深度不得小于 1.2m。

第二节　沉管与桥管施工

一、沉管施工

（一）沉管施工方法的选择

应根据管道所处河流的工程水文地质、气象、航运交通等条件，周边环境、建（构）筑物、管线，以及设计要求和施工技术能力等因素，经技术经济比较后确定。

水文和气象变化相对稳定，水流速度相对较小时，可采用水面浮运法。

水文和气象变化不稳定、沉管距离较长、水流速度相对较大时，可采用铺管船法。

水文和气象变化不稳定，且水流速度相对较大、沉管长度相对较短时，可采用底拖法。

预制钢筋混凝土管沉管工程，应采用浮运法，且管节浮运、系驳、沉放、对接施工时水文和气象等条件宜满足：风速小于 10m/s、波高小于 0.5m、流速小于 0.8m/s、能见度大于 1000m。

（二）沉管施工

水面浮运法可采取下列措施：

整体组对拼装、整体浮运、整体沉放；

分段组对拼装、分段浮运，管间接口在水上连接后整体沉放；

分段组对拼装、分段浮运，沉放后管段间接口在水下连接。

铺管船法的发送船应设置管段接口连接装置、发送装置；发送后的水中悬浮部分管段，可采用管托架或浮球等方法控制管道轴向弯曲变形。

底拖法的发送可采取水力发送沟、小平台发送道、滚筒管架发送道或修筑牵引道等方式。

预制钢筋混凝土管沉放的水下管道接口，可采用水力压接法柔性接口、浇筑钢筋混凝土刚性接口等形式。

利用管道自身弹性能力进行沉管铺设时，管道及管道接口应具有相应的力学性能要求。

（三）沉管工程的施工方案

施工平面布置图及剖面图。

沉管施工方法的选择及相应的技术要求。

陆上管节组对拼装方法；分段沉管铺设时管道接口的水下或水上连接方法；铺管船铺设时待发送管与已发送管的接口连接及质量检验方案。

水下成槽、管道基础施工方法。

稳管、回填方法。

船只设备及管道的水上、水下定位方法。

沉管施工各阶段的管道浮力计算，并根据施工方法进行施工各阶段的管道强度、刚度、稳定性验算。

管道（段）下沉测量控制方法。

施工机械设备数量与型号的配备。

水上运输航线的确定，通航管理措施。

施工场地临时供电、供水、通信等设计。

水上、水下等安全作业和航运安全的保证措施。

预制钢筋混凝土管沉管工程，还应包括临时干坞施工、钢筋混凝土管节制作、管道基础处理、接口连接、最终接口处理待施工技术方案。

（四）沉管基槽浚挖

水下基槽浚挖前，应对管位进行测量放样复核，开挖成槽过程中应及时进行复测。

根据工程地质和水文条件因素，以及水上交通和周围环境要求，结合基槽设计要求选用浚挖方式和船舶设备。

基槽采用爆破成槽时，应进行试爆确定爆破施工方式，并符合下列规定：

炸药量计算和布置，药桩（药包）的规格、埋设要求和防水措施等，应符合国家相关标准的规定和施工方案的要求；

爆破线路的设计和施工、爆破器材的性能和质量、爆破安全措施的制定和实施，应符合国家相关标准的规定；

爆破时，应有专人指挥。

基槽底部宽度和边坡应根据工程具体情况进行确定，必要时应进行试挖。基槽底部宽度和边坡应符合下列规定：

河床岩土层相当稳定、河水流速度小、回淤量小，且浚挖施工对土层扰动影响较小时，底部宽度可按下式确定，边坡尺寸可按表 5-1 的规定确定：

$$B \geqslant D_o + 2b + 1000$$

式中 B——管道基槽底部的开挖宽度（mm）；

D_o——管外径（mm）；

b——管道外壁保护层及沉管附加物等宽度（mm）。

表 5-1　沉管基槽底部宽度和边坡尺寸

岩土类别	底部宽度 /mm	边坡	
		浚挖深度 < 2.5m	浚挖深度≥ 2.5m
淤泥、粉砂、细砂	D_o +2b +2500 ~ 4000	1 ： 3.5 ~ 4.0	1 ： 5.0 ~ 6.0
砂质粉土、中砂、粗砂	D_o +2b +2000 ~ 4000	1 ： 3.0 ~ 3.5	1 ： 3.5 ~ 5.0
砂土、含卵砾石土	D_o +2b +1800 ~ 3000	1 ： 2.5 ~ 3.0	1 ： 3.0 ~ 4.0
黏质粉土	D_o +2b +1500 ~ 3000	1 ： 2.0 ~ 2.5	1 ： 2.5 ~ 3.5
黏土	D_o +2b +1200 ~ 3000	1 ： 1.5 ~ 2.0	1 ： 2.0 ~ 3.0
岩石	D_o +2b +1200 ~ 2000	1 ： 0.5	1 ： 1.0

在回淤较大的水域，或河床岩土层不稳定、河水流速较大时，应根据试挖实测情况确定浚挖成槽尺寸，必要时沉管前应对基槽进行二次清淤。

浚挖缺乏相关试验资料和经验资料时，基槽底部宽度可按表 5-1 的规定进行控制。

基槽浚挖深度应符合设计要求，超挖时应采用砂或砾石填补。

基槽经检验合格后应及时进行管基施工和管道沉放。

（五）沉管管基处理

管道及管道接口的基础，所用材料和结构形式应符合设计要求，投料位置应准确。

基槽宜设置基础高程标志，整平时可由潜水员或专用刮平装置进行水下粗平和细平。

管基顶面高程和宽度应符合设计要求。

采用管座、桩基时，施工应符合国家相关标准、规范的规定，管座、基础桩位置和顶面高程应符合设计和施工要求。

（六）组对拼装管道（段）的沉放

水面浮运法施工前，组对拼装管道下水浮运时，应符合下列规定：

岸上的管节组对拼装完成后进行溜放下水作业时，可采用起重吊装、专用发送装置、牵引拖管、滑移滚管等方法下水，对于潮汐河流还可利用潮汐水位差下水。

下水前，管道（段）两端管口应进行封堵；采用堵板封堵时，应在堵板上设置进水管、排气管和阀门。

管道（段）溜放下水、浮运、拖运作业时应采取措施防止管道（段）防腐层损伤，局部损坏时应及时修补。

管道（段）浮运时，浮运所承受浮力不足以使管漂浮时，可在两旁系结刚性浮筒、柔性浮囊或捆绑竹、木材等；管道（段）浮运应适时进行测量定位。

管道（段）采用起重浮吊吊装时，应正确选择吊点，并进行吊装应力与变形验算。

应采取措施防止管道（段）产生超过允许的轴向扭曲、环向变形、纵向弯曲等现象，并避免外力损伤。

水面浮运至沉放位置时，在沉放前应做好下列准备工作：

管道（段）沉放定位标志已按规定设置。

基槽浚挖及管基处理经检查符合要求。

管道（段）和工作船缆绳绑扎牢固，船只锚泊稳定；起重设备布置及安装完毕，试运转良好。

灌水设备及排气阀门齐全完好。

采用压重助沉时，压重装置应安装准确、稳固。

潜水员装备完毕，做好下水准备。

水面浮运法施工，管道（段）沉放时，应符合下列规定：

测量定位准确，并在沉放中经常校测；

管道（段）充水时同时排气，充水应缓慢、适量，并应保证排气通畅；

应控制沉放速度，确保管道（段）整体均匀、缓慢下沉；

两端起重设备在吊装时应保持管道（段）水平，并同步沉放于基槽底，管道（段）稳固后，再撤走起重设备；

及时做好管道（段）沉放记录。

采用水面浮运法，分段沉放管道（段），水上连接接口时，应符合下列规定：

两连接管段接口的外形尺寸、坡口、组对、焊接检验等应符合有关规定和设计要求。

在浮箱或船上进行接口连接时，应将浮箱或船只锚泊固定，并设置专用的管道（段）扶正、对中装置。

采用浮箱法连接时，浮箱内接口连接的作业空间应满足操作要求，并应防止进水；沿管道轴线方向应设置与管径匹配的弧形管托，且止水严密；浮箱及进水、排水装置安装、运行可靠，并由专人指挥操作。

管道接口完成后应按设计要求进行防腐处理。

采用水面浮运法，分段沉放管道（段），水下连接接口时，应符合下列规定：

分段管道水下接口连接形式应符合设计要求，沉放前连接面及连接件经检查合格。

采用管夹抱箍连接时，管夹下半部分可在管道沉放前，由潜水员固定在接口管座上或安装在先行沉放管段的下部；两分段管道沉放就位后，将管夹上半部分与下半部分对合，并由潜水员进行水下螺栓安装固定。

采用法兰连接时，两分段管道沉放就位后，法兰螺栓应全穿入，并由潜水员进行水下螺栓安装固定。

管夹与管道外壁以及法兰表面的止水密封圈应设置正确。

铺管船法施工应符合下列规定：

发送管道（段）的专用铺管船只及其管道（段）接口连接、管道（段）发送、水中拖浮、锚泊定位等装置经检查符合要求；应设置专用的管道（段）扶正和对中装置，防止受风浪影响而影响组装拼接。

管道（段）发送前应对基槽断面尺寸、轴线及槽底高程进行测量复核；待发送管与已发送管的接口连接及防腐层施工质量应经检验合格；铺管船应经测量定位。

管道（段）发送时铺管船航行应满足管道轴线控制要求，航行应缓慢平稳；应及时检查设备运行、管道（段）状况；管道（段）弯曲不应超过管材允许弹性弯曲要求；管道（段）发送平稳，管道（段）及防腐层无变形、损伤现象。

及时做好发送管及接口拼装、管位测量等沉管记录。

底拖法施工应符合下列规定：

管道（段）底拖牵引设备的选用，应根据牵引力的大小、管材力学性能等要求确定，且牵引功率不应低于最大牵引力的 1.2 倍；牵引钢丝绳应按最大牵引力选用，其安全系数不应小于 3.5；所有牵引装置、系统应安装正确、稳定安全。

管道（段）底拖牵引前应对基槽断面尺寸、轴线及槽底高程进行测量复核；发送装置、牵引道等设置满足施工要求；牵引钢丝绳位于管沟内，并与管道轴线一致。

管道（段）牵引时应缓慢均匀，牵引力严禁超过最大牵引力和管材力学性能要求，钢丝绳在牵引过程中应避免扭缠。

应跟踪检查牵引设备运行、钢丝绳、管道状况，及时测量管位，发现异常应及时纠正。

及时做好牵引速率、牵引力、管位测量等沉管记录。

管道沉放完成后，应检查下列内容，并做好记录：

检查管底与沟底接触的均匀程度和紧密性，管下如有冲刷，应采用砂或砾石铺填；

检查接口连接情况；

测量管道高程和位置。

（七）预制钢筋混凝土管的沉放

干坞结构形式应根据设计和施工方案确定，构筑干坞应遵守下列规定：

基坑、围堰施工和验收应符合现行国家标准的有关规定和设计要求，且边坡稳定性应满足干坞放水和抽水的要求。

干坞平面尺寸应满足钢筋混凝土管节制作、主要设备、工程材料堆放和运输的布置需要；干坞深度应保证管节制作后浮运前的安装工作和浮运出坞的要求，并留出富余水深。

干坞地基强度应满足管节制作要求；表面应设置起浮层，保证干坞进水时管节能顺利起浮；坞底表面允许偏差控制：平整度为 10mm，相邻板块高差为 5mm，高程为 ± 10mm。

钢筋混凝土管节制作应符合下列规定：

垫层及管节施工应满足设计要求和有关规定。

混凝土原材料选用、配合比设计、混凝土拌制及浇筑应符合现行国家标准的有关完全，并满足强度和抗渗设计要求。

混凝土体积较大的管节预制，宜采用低水化热配合比；应按大体积混凝土施工要求制订施工方案，严格控制混凝土配合比、入模浇筑温度、初凝时间、内外温差等。

管节防水处理、施工缝处理等应符合现行国家标准的规定和设计要求。

接口尺寸满足水下连接要求；采用水力压接法施工的柔性接口，管端部钢壳制作应符合现行国家标准的有关规定和设计要求。

管节抗渗检验时，应按设计要求进行预水压试验，亦可在干坞中，放水按有关规定在管节内检查渗水情况。

预制管节的混凝土强度、抗渗性能、管节渗漏检验达到设计要求后，方可进行浮运。

钢筋混凝土管节（段）两段封墙及压载施工应符合下列规定：

封墙结构应符合设计要求，位置不宜设置在管节（段）接口施工范围内并便于拆除。

封墙应设置排水阀、进气阀，并根据需要设置入孔；所有预留洞口应设止水装置。

压载装置应满足设计和施工方案要求并便于装拆，布置应对称，配重应一致。

沉管基槽浚挖及管基处理施工应符合有关规定，采用砂石基础时厚度可根据施工经验留出压实虚厚，管节（段）沉放前应再次清除槽底回淤、异物；在基槽断面方向两侧可打两排短桩设置高程导轨，便于控制基础整平施工。

管节（段）在浮起后出坞前，管节（段）四角干舷若有高差、倾斜，可通过分舱压载调整，严禁倾斜出坞。

管节（段）浮运、沉放应符合下列规定：

根据工程的具体情况，并考虑对水下周围环境及水面交通的影响因素，选用管节（段）拖运、系驳、沉放、水下对接方式和配备相关设备。

管节（段）浮运到位后应进行测量定位，工作船只设备等应定位锚泊，并做好下沉前的准备工作；

管节（段）下沉前应设置接口对接控制标志并进行复核测量；下沉时应控制管节（段）轴向位置、已沉放管节（段）与待沉放管节（段）间的纵向间距，确保接口准确对接。

所有沉放设备、系统经检查运行可靠，管段定位、锚碇系统设置可靠。

沉放应分初步下沉、靠拢下沉和着地下沉阶段，严格按施工方案执行，并应连续测量和及时调整压载。

沉放作业应考虑管节的惯性运行影响，下沉应缓慢均匀，压载应平稳同步，管节（段）受力应均匀稳定，无变形损伤。

管节（段）下沉应听从指挥。

管节（段）下沉后的水下接口连接应符合下列规定：

采用水力压接法施工柔性接口时，其主要施工程序，在压接完成前应保证管节（段）轴向位置稳定，并悬浮在管基上；

对位→拉合→压接→拆除封墙→管内接缝处理

采用刚性接口钢筋混凝土管施工时，应符合设计要求和现行国家标准的规定；施工前应根据底板、侧墙、顶板的不同施工要求以及防水要求分别制订相应的施工技术方案。

管节（段）沉放经检查合格后应及时进行稳管和回填，防止管道漂移，并应符合下列规定：

①采用压重、投抛砂石、浇筑水下混凝土或其他锚固方式等进行稳管施工时，应符合下列规定：

对水流冲刷较大、易产生紊流、施工中对河床扰动较大等之处，以及沉管拐弯、分段接口中连接等部位，沉放完成后应先进行稳管施工；

应采取保护措施，不得损伤管道及其防腐层；

预制钢筋混凝土管沉管施工，应进行稳管与基础三次处理，以确保管道稳定。

②回填施工时，应符合下列规定：

回填材料应符合设计材料，回填应均匀，并不得损伤管道；水下部位应连续回填至满槽，水上部位应分层回填夯实。

回填高度应符合设计要求，并满足防止水流冲刷、通航和河道疏浚要求。

采用吹填回土时，吹填土质应符合设计要求，取土位置及要求应征得航运管理部门的同意，且不得影响沉管管道。

③应及时做好稳管和回填的施工及测量记录。

二、桥管施工

（一）桥管管道的施工方法

桥管管道施工应根据工程的具体情况确定施工方法，管道安装可采取整体吊装、分段悬臂拼装、在搭设的临时支架上拼装等方法。

桥管的下部结构、地基与基础及护岸等工程施工和验收应符合桥梁工程的有关国家标准、规范的规定。

（二）桥管工程的施工方案

施工平面布置图及剖面图。

桥管吊装施工方法的选择及相应的技术要求。

吊装前地上管节组对拼装方法。

管道支架安装方法。

施工各阶段的管道强度、刚度、稳定性验算。

管道吊装测量控制方法。

施工机械设备数量与型号的配备。

水上运输航线的确定，通航管理措施。

施工场地临时供电、供水、通信等设计。

水上、水下等安全作业和航运安全的保证措施。

（三）桥管管道安装铺设前的准备工作

桥管的地基与基础、下部结构工程经验收合格，并满足管道安装条件。

墩台顶面高程、中线及孔跨径，经检查满足设计和管道安装要求，与管道支架底座连接的支承结构、预埋件已找正合格。

应对不同施工工况条件下临时支架、支承结构、吊机能力等进行强度、刚度及稳定性验算。

待安装的管节（段）应符合下列规定：

钢管组对拼装及管件、配件、支架等经检验合格；

分段拼装的钢管，其焊接接口的坡口加工、预拼装的组对满足焊接工艺、设计和施工吊装要求；

钢管除锈、涂装等处理符合有关规定；

表面附着污物已清除。

已按施工方案完成各项准备工作。

（四）加固措施

施工中应对管节（段）的吊点和其他受力点位置进行强度、稳定性和变形验算，必要时应采取加固措施。

（五）保护措施

管节（段）移运和堆放，应有相应的安全保护措施，避免管体损伤；堆放场地平整夯实，支承点与吊点位置一致。

（六）管道支架安装

支架安装完成后方可进行管道施工。

支架底座的支承结构、预埋件等的加工、安装应符合设计要求，且连接牢固。

管道支架安装应符合下列规定：

支架与管道的接触面应平整、洁净。

有伸缩补偿装置时，固定支架与管道固定之前，应先进行补偿装置安装及预拉伸（或压缩）。

导向支架或滑动支架安装应无歪斜、卡涩现象；安装位置应从支承面中心向位移反方向偏移，偏移量应符合设计要求，设计无要求时宜为设计位移值的1/2。

弹簧支架的弹簧高度应符合设计要求，弹簧应调整至冷态值，其临时固定装置应待管道安装及管道试验完成后方可拆除。

（七）管节（段）吊装

吊装设备的安装与使用必须符合起重吊装的有关规定，吊运作业时必须遵守有关安全操作技术规定。

吊点位置应符合设计要求，设计无要求时应根据施工条件计算确定。

采用吊环起吊时，吊环应顺直；吊绳与起吊管道轴向夹角小于60°时，应设置吊架或扁担使吊环尽可能垂直受力。

管节（段）吊装就位、支撑稳固后，方可卸去吊钩；就位后不能形成稳定的结构体系时，应进行临时支承固定。

利用河道进行船吊起重作业时应遵守当地河道管理部门的有关规定，确保水上作业和航运的安全。

按规定做好管节（段）吊装施工监测，发现问题要及时处理。

（八）桥管采用分段拼装

高空焊接拼装作业时应设置防风、防雨设施，并做好安全防护措施。

分段悬臂拼装时，每管段轴线安装的挠度曲线变化应符合设计要求。

管段间拼装焊接应符合下列规定：

接口组对及定位应符合国家现行标准的有关规定和设计要求，不得强力组对施焊。

临时支承、固定措施可靠，避免施焊时该处焊缝出现不利的施工附加应力。

采用闭合、合拢焊接时，施工技术要求、作业环境应符合设计及施工方案要求。

管道拼装完成后方可拆除临时支承、固定设施。

应进行管道位置、挠度的跟踪测量，必要时应进行应力跟踪测量。

（九）涂装施工

钢管管道外防腐层的涂装前基面处理及涂装施工应符合设计要求。

三、质量验收标准

（一）沉管基槽浚挖及管基处理

1. 主控项目

沉管基槽中心位置和浚挖深度应符合设计要求。

检查方法：检查施工测量记录、浚挖记录。

沉管基槽处理、管基结构形式应符合设计要求。

检查方法：可由潜水员水下检查；检查施工记录、施工资料。

2. 一般项目

浚挖成槽后基槽应稳定，沉管前基底回淤量不大于设计和施工方案要求，基槽边坡不陡于有关规定。

管基处理所用的工程材料规格、数量等应符合设计要求。

检查方法：检查施工记录、施工技术资料。

沉管基槽浚挖及管基处理的允许偏差应符合表 5-2 的规定。

表 5-2　沉管基槽浚挖及管基处理的允许偏差

<table>
<tr><th rowspan="2">序号</th><th rowspan="2" colspan="2">检查项目</th><th rowspan="2">允许偏差
/mm</th><th colspan="2">检查数量</th><th rowspan="2">检查方法</th></tr>
<tr><th>范围</th><th>点数</th></tr>
<tr><td rowspan="2">1</td><td rowspan="2">基槽底部高程</td><td>土</td><td>0，-300</td><td rowspan="9">每
5 ~ 10m
取一个
断面</td><td rowspan="4">基槽宽度不大于5m 时测 1 点；基槽宽度大于 5m 时测不少于 2 点</td><td rowspan="7">用回声测深仪、多波束仪、测深图检查；
或用水准仪、经纬仪测量钢尺量测定位标志、潜水员检查</td></tr>
<tr><td>石</td><td>0，-500</td></tr>
<tr><td rowspan="2">2</td><td rowspan="2">整平后基础顶面高程</td><td>压力管道</td><td>0，-200</td></tr>
<tr><td>无压管道</td><td>0，-100</td></tr>
<tr><td>3</td><td colspan="2">基槽底部宽度</td><td>不小于规定</td><td rowspan="5">1 点</td></tr>
<tr><td>4</td><td colspan="2">基槽水平轴线</td><td>100</td></tr>
<tr><td>5</td><td colspan="2">基础宽度</td><td>不小于设计要求</td></tr>
<tr><td rowspan="2">6</td><td rowspan="2">平后基础平整度</td><td>砂基础</td><td>50</td><td rowspan="2">潜水员检查、用刮平尺量测</td></tr>
<tr><td>砂石基础</td><td>150</td></tr>
</table>

（二）组对拼装管道（段）的沉放

1. 主控项目

管节、防腐层等工程材料的产品质量保证资料齐全，各项性能检验报告应符合国家标准的相关规定和设计要求。

检查方法：检查产品质量合格证明书、各项性能检验报告，检查产品制造原材料质量保证资料，检查产品进场验收记录。

陆上组对拼装管道（段）的接口连接和钢管防腐层（包括焊口、补口）的质量经验收合格；钢管接口焊接、聚乙烯管、接口熔焊检验应符合设计要求，管道预水压试验合格。

检查方法：管道（段）及接口全数观察，按本规范有关规定进行检查；检查焊接检验报告和管道预水压试验记录，其中管道预水压试验应按有关规定执行。

管道（段）下沉均匀、平稳，无轴向扭曲、环向变形和明显轴向突弯等现象；水上、水下的接口连接质量经检验应符合设计要求。

检查方法：观察；检查沉放施工记录及相关检测记录；检查水上、水下的接口连接检验报告等。

2. 一般项目

沉放前管道（段）及防腐层无损伤，无变形。

检查方法：观察，检查施工记录。

对于分段沉放管道，其水上、水下的接口防腐质量检验合格。

检查方法：逐个检查接口连接及防腐的施工记录、检验记录。

沉放后管底与沟底接触均匀和紧密。

检查方法：检查沉放记录，必要时由潜水员检查。

沉管下沉铺设的允许偏差应符合表 5-3 的规定。

表 5-3　沉管下沉铺设的允许偏差

序号	检查项目		允许偏差/mm	检查数量		检查方法
				范围	点数	
1	管道高程	压力管道	0，–200	每 10m	1 点	用回声测深仪、多波束仪、测深图检查；或用水准仪、经纬仪测量、钢尺量测定位标志
		无压管道	0，–100			
2	管道水平轴线位置		50	每 10m	1 点	

（三）钢筋混凝土管节制作

1. 主控项目

原材料的产品质量保证资料齐全，各项性能检验报告应符合国家标准的相关规定和设计要求。

检查方法：检查产品质量合格证明书、各项性能检验报告，进场复验合格。

钢筋混凝土管节制作中的钢筋、模板、混凝土质量经验收合格。

检查方法：按国家有关规范的规定和设计要求进行检查。

混凝土强度、抗渗性能应符合设计要求。

检查方法：检查混凝土浇筑记录，检查试块的抗压强度、抗渗试验报告。

检查数量：底板、侧墙、顶板、后浇带等每部位的混凝土，每工作班不应少于一组，且每浇筑 $100m^3$ 为一验收批，抗压强度试块留置不应少于一组；每浇筑 $500m^3$ 混凝土及每后浇带为一验收批，抗渗试块留置不应少于一组。

混凝土管节无严重质量缺陷。

检查方法：对可见的裂缝用裂缝观察仪检查；检查技术处理方案。

管节抗渗检验时无线流、滴漏和明显渗水现象；经检测平均渗漏量满足设计要求。

检查方法：逐节检查；进行预水压渗漏试验；检查渗漏检验记录。

2. 一般项目

混凝土重度应符合设计要求，其允许偏差为：$\pm 0.01t/m^3$，$-0.02t/m^3$。

检查方法：检查混凝土试块重度检测报告，检查原材料质量保证资料、施工记录等。

预制结构的外观质量不宜有一般缺陷，防水层结构应符合设计要求。

检查方法：观察，检查施工记录。

钢筋混凝土管节预制的允许偏差应符合表 5-4 的规定。

表 5-4　钢筋混凝土管节预制的允许偏差

序号	检查项目		允许偏差 /mm	检查数量		检查方法
				范围	点数	
1	外包尺寸	长	± 10	每 10m	各 4 点	用钢尺测量
		宽	± 10			
		高	± 5			
2	结构厚度	底板、顶板	± 5	每部位	各 4 点	
		侧墙	± 5			
3	断面对角线尺寸差		0.5%L	两端面	各 2 点	
4	管节内净空尺寸	净宽	± 10	每 10m	各 4 点	
		净高	± 10			
5	顶板、底板、外侧墙的主钢筋保护层厚度		± 5	每 10m	各 4 点	
6	平整度		5	每 10m	2 点	用 2m 直尺测量
7	垂直度		10	每 10m	2 点	用垂线测

注：L 为断面对角线长（mm）。

（四）钢筋混凝土管节接口预制

1. 主控项目

端部钢壳材质、焊缝质量等级应符合设计要求。

检查方法：检查钢壳制造材料的质量保证资料、焊缝质量检验报告。

端部钢壳端面加工成型的允许偏差应符合表 5-5 的规定。

表 5-5　端部钢壳端面加工成型的允许偏差

序号	检查项目	允许偏差 /mm	检查数量		检查方法
			范围	点数	
1	不平整度	< 5，且每延米内 < 1	每个钢壳的钢板面、端面	每 2m 各 1 点	用 2m 直尺量测
2	垂直度	< 5		两侧、中间各 1 点	用垂线吊测全高
3	端面竖向倾斜度	< 5	每个钢壳	两侧、中间各 2 点	全站仪测量或吊垂线测端面上下外缘两点之类

专用的柔性接口橡胶圈材质及性能应符合相关规范规定和设计要求，其外观质量应符合表 5-6 的规定。

表 5-6　橡胶圈外观质量要求

缺陷名称	中间部分	边翼部分
气泡	直径≤ 1mm 气泡，不超过 3 处 /m	直径≤ 2mm 气泡，不超过 3 处 /m
杂质	面积≤ $4mm^2$ 气泡，不超过 3 处 /m	面积≤ $8mm^2$ 气泡，不超过 3 处 /m
凹痕	不允许	允许有深度不超过 0.5mm、面积不大于 $10mm^2$ 的凹痕，不超过 2 处 /m
接缝	不允许有裂口及"海绵"现象；高度≤ 1.5mm 的凸起，不超过 2 处 /m	
中心偏心	中心孔周边对称部位厚度差不超过 1mm	

检查方法：观察；检查每批橡胶圈的质量合格证明、性能检验报告。

2. 一般项目

按设计要求进行端部钢壳的制作与安装。

检查方法：逐个观察；检查钢壳的制作与安装记录。

钢壳防腐处理应符合设计要求。

检查方法：观察；检查钢壳防腐材料的质量保证资料，检查除锈、涂装记录。

柔性接口橡胶圈安装位置正确，安装完成后处于松弛状态，并完整地附着在钢端面上。

检查方法：逐个观察。

（五）钢筋混凝土管的沉放

1. 主控项目

沉放前、后管道无变形、受损；沉放及接口连接后管道无滴漏、线漏和明显渗水现象。

检查方法：观察，按有关规定检查渗漏水程度；检查管道沉放、接口连接施工记录。

沉放后，对于无裂缝设计的沉管严禁有任何裂缝；对于有裂缝设计的沉管，其表面裂缝宽度、深度应符合设计要求。

检查方法：观察，对可见的裂缝用裂缝观察仪检测；检查技术处理方案。

接口连接形式应符合设计文件要求；柔性接口无渗水现象；混凝土刚性接口密实、无裂缝，无滴漏、线漏和明显渗水现象。

检查方法：逐个观察；检查技术处理方案。

2. 一般项目

管道及接口防水处理应符合设计要求。

检查方法：观察，检查防水处理施工记录。

管节下沉均匀、平稳，无轴向扭曲、环向变形、纵向弯曲等现象。

检查方法：观察，检查沉放施工记录。

管道与沟底接触均匀和紧密。

检查方法：潜水员检查；检查沉放施工及测量记录。

钢筋混凝土管沉放的允许偏差应符合表 5-7 的规定。

表 5-7　钢筋混凝土管沉放的允许偏差

<table>
<tr><th rowspan="2">序号</th><th rowspan="2" colspan="2">检查项目</th><th rowspan="2">允许偏差 /mm</th><th colspan="2">检查数量</th><th rowspan="2">检查方法</th></tr>
<tr><th>范围</th><th>点数</th></tr>
<tr><td rowspan="2">1</td><td rowspan="2">管道高程</td><td>压力管道</td><td>0，-200</td><td rowspan="2">每 10m</td><td rowspan="2">1 点</td><td rowspan="4">用水准仪、经纬仪、测深仪测量或全站仪测量</td></tr>
<tr><td>无压管道</td><td>0，-100</td></tr>
<tr><td>2</td><td colspan="2">沉放后管节四角高差</td><td>50</td><td>每管节</td><td>4 点</td></tr>
<tr><td>3</td><td colspan="2">管道水平轴线位置</td><td>50</td><td>每 10m</td><td>1 点</td></tr>
<tr><td>4</td><td colspan="2">接口连接的对接错口</td><td>20</td><td>每接口每面</td><td>各 1 点</td><td>用钢尺量测</td></tr>
</table>

（六）沉管的稳管及回填

1. 主控项目

稳管、管基二次处理、回填时所用的材料应符合设计要求，未发生漂浮和位移现象。

检查方法：观察；检查材料相关的质量保证资料。

管道未发生漂浮和位移现象。

检查方法：观察；检查稳管、管基二次处理、回填施工记录。

2. 一般项目

管道未受外力影响而发生变形、破损。

检查方法：观察。

二次处理后管基承载力应符合设计要求。

检查方法：检查二次处理检验报告及记录。

基槽回填应两侧均匀，管顶回填高度应符合设计要求。

检查方法：观察；用水准仪或测深仪每 10m 测一点，检测回填高度；检查回填施工、检测记录。

（七）桥管管道

1. 主控项目

管材、防腐层等工程材料的产品质量保证资料齐全，各项性能检验报告应符合相关国家标准的规定和设计要求。

检查方法：检查产品质量合格证明书、各项性能检验报告，检查产品制造原材料质量保证资料；检查产品进场验收记录。

钢管组对拼装和防腐层（包括焊口补口）的质量经验收合格；钢管接口焊接检验应符合设计要求。

检查方法：管节及接口全数观察；检查焊接检验报告。

钢管预拼装尺寸的允许偏差应符合表 5-8 的规定。

表 5-8　钢管预拼装尺寸的允许偏差

序号	检查项目	允许偏差 /mm	检查数量		检查方法
			范围	点数	
1	长度	±3	每件	2 点	用钢尺测量
2	管口端面圆度	D_0/500，且≤ 5	每端面	1 点	
3	管口端面与管道轴线的垂直度	D_0/500，且≤ 3	每端面	1 点	用焊缝量规测量
4	侧弯曲矢高	L/1500，且≤ 5	每件	1 点	用拉线、吊线和钢尺量测
5	跨中起拱度	±L/5000	每件	1 点	
6	对口错边	t/10，且≤ 2	每件	1 点	用焊缝量规、游标卡尺测量

注：L 为管道长度（mm）；t 为管道壁厚（mm）。

桥管位置应符合设计要求，安装方式正确，且安装牢固、结构可靠、管道无变形和裂缝等现象。

检查方法：观察，检查相关施工记录。

2. 一般项目

桥管的基础、下部结构工程的施工质量经验收合格。

检查方法：按国家有关规范的规定和设计要求进行检查，检查其施工验收记录。

管道安装条件经检查验收合格，满足安装要求。

检查方法：观察；检查施工方案、管道安装条件交接验收记录。

桥管钢管分段拼装焊接时，接口的坡口加工、焊缝质量等级应符合焊接工艺和设计要求。

检查方法：观察；检查接口的坡口加工记录、焊缝质量检验报告。

管道支架规格、尺寸等，应符合设计要求；支架应安装牢固、位置正确，工作状况及性能应符合设计文件和产品安装说明的要求。

检查方法：观察；检查相关质量保证及技术资料、安装记录、检验报告等。

桥管管道安装的允许偏差应符合表 5-9 的规定。

表 5-9　桥管管道安装的允许偏差

序号	检查项目		允许偏差 /mm	检查数量		检查方法
				范围	点数	
1	支架	顶面高程	±5	每件	1点	用水准仪测量
		中心位置（轴向、横向）	10		各1点	用经纬仪测量，或挂中线用钢尺量测
		水平度	L/1500		2点	用水准仪测量
2	管道水平轴线位置		10	每件	2点	用经纬仪测量
3	管道中部垂直上拱矢高		10		1点	用水准仪测量，或拉线和钢尺量测
4	支架地脚螺栓（锚栓）中心位移		5	每件	1点	用经纬仪测量，或挂中线用钢尺量测
5	活动支架的偏移量		应符合设计要求			用钢尺量测
6	弹簧支架	工作圈数	≤半圈			观察检查
		在自由状态下，弹簧各圈节距	≤平均节距 10%			用钢尺量测
		两端支承面与弹簧轴线垂直度	≤自由高度 10%			挂中线用钢尺量测
7	支架处的管道顶部高程		±10			用水准仪测量

注：L 为支架底座的边长（mm）。

钢管涂装材料、涂层厚度及附着力应符合设计要求；涂层外观应均匀，无褶皱、空泡、凝块、透底等现象，与钢管表面附着紧密，色标符合规定。

检查方法：观察；用 5 ~ 10 倍的放大镜检查；用测厚仪量测厚度。

检查数量：涂层干膜厚度每 5m 测一个断面，每个断面测相互垂直的四个点；其实测厚度平均值不得低于设计要求，且小于设计要求厚度的点数不应大于 10%，最小实测厚度不应低于设计要求的 90%。

第三节　管道交叉处理

在埋设给水排水管道时，经常出现互相交叉的情况，排水管埋设一般要比其他管道深，给水排水管道有时与其他几种管道同时施工，有时是在已建管道的上面或下面穿过。为了各类管道交叉时下面的管道不受影响和便于检修，上面的管道不致下沉破坏，必须对交叉管道进行必要的处理。

一、交叉处理原则

给水管应设在污水管上方。若给水管与污水管平行设置时，管外壁净距不应小于1.5m。

当给水管设在污水管侧下方时，给水管必须采用金属管材，并应根据土壤的渗透水性及地下水位情况，妥善确定净距。

生活饮用水给水管道与污水管道或输送有毒液体管道交叉时，给水管道应敷设在上面，且不应有接口重叠；当给水管敷设在下面时，应采用钢管或钢套管，套管伸出交叉管的长度每边不得小于3m，套管两端应采用防水材料封闭。

给水管道从其他管道上方跨越时，若管间垂直净距大于等于0.25m，一般不予处理；否则应在管间夯填黏土，若被跨越管回填土欠密实，尚须自其管侧底部设置墩柱支撑给水管。

二、交叉处理

（一）排水、给水管道同时施工时交叉处理

混凝土或钢筋混凝土排水管道与其上方的给水钢管或铸铁管同时施工且交叉时；若钢管或铸铁管的内径不大于400mm时，宜在混凝土管两侧砌筑砖墩支撑。若钢管或铸铁管道已建成时，应在开挖沟槽时，加以妥善保护，并砌筑砖墩支撑。

砖墩可采用黏土砖和水泥砂浆砌筑，其长度应不小于钢管或铸铁管道的外径加300mm；2m以内时，宽240cm；以后每增高1m，宽度也相应增加125cm；顶部砌筑座的支撑角不小于90°。对铸铁管道，每一管节不少于两个砖墩。混凝土或钢筋混凝土排水管道与给水钢管或铸铁管道交叉时，顶板与其上方管道底部的空间，宜采用下列措施：

净空不小于70mm时，可在侧墙上砌筑砖墩，以支撑管道；在顶板上砌筑的砖墩不能超过顶板的允许承载力，如图5-2所示。

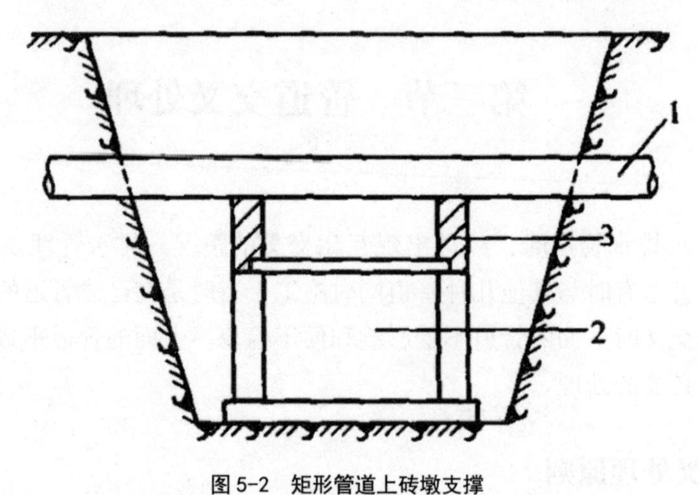

图 5-2　矩形管道上砖墩支撑

1—铁管或钢管道；2—混合结构或钢筋；3—混凝土矩形管道

净空小于 70mm 时，可在顶板与管道之间采用低强度等级的水泥砂浆或细石混凝土填实，其支撑角不应小于 90°，如图 5-3 所示。

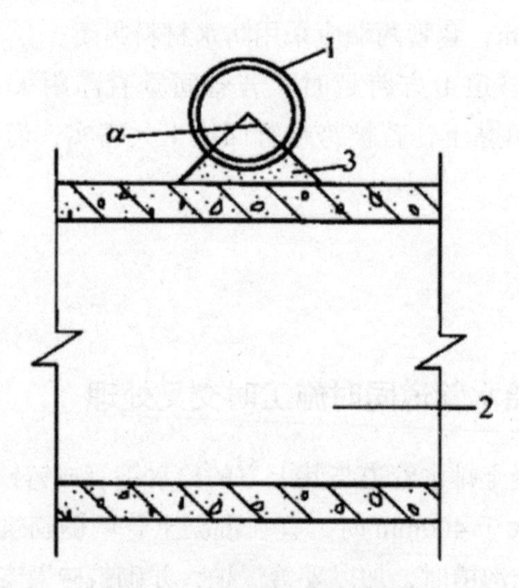

图 5-3　矩形管道上填料支撑

1—铸铁管道或钢管道；2—混合结构或钢筋混凝土矩形管道；

3—低强度等级的水泥砂浆或细石混凝土；α—支撑角

（二）给水管道与构筑物交叉处理

当构筑物埋深较浅时，给水管道可以从构筑物下部穿越。施工时，应给构筑物基础下面的给水管道增设套管。若构筑物施工时，须先将给水管及其套管安装就绪后再修筑构筑物。

当构筑物埋深较大时，给水管道可从其上部跨越，并保证给水管底与构筑物顶之间高差不小于 0.3m；给水管顶与地面之间的覆土深度不小于 0.7m；对冰冻深度较深的地区而言，还应按冰冻深度要求确定管道最小覆土深度。此外，在给水管道最高处应安装排气阀并砌筑排气阀井。

（三）管道高程一致时交叉处理

当给水管与排水干管的过水断面交叉，若管道高程一致时，在给水管道无法从排水干管跨越施工的条件下，亦可使排水干管保持管底坡度及过水断面面积不变的前提下，将圆管改为沟渠，以达到缩小高度的目的。给水管设置于盖板上，管底与盖板间所留 0.05m 间隙中填置砂土，沟渠两侧填夯砂夹石。

（四）给水管道在排水管道下方时交叉处理

无论是圆形还是矩形的排水管道，在与下方给水钢管或铸铁管交叉施工时，则必须为下方的给水管道加设套管或管廊。

加设的套管可采用钢管、铸铁管或钢筋混凝土管；管廊可采用砖砌或其他材料砌筑的混合结构，其内径不应小于被套管道外径 30mm；长度应不小于上方排水管道基础宽度与管道交叉高差的 3 倍，且不小于基础宽度加 1m。套管或管廊两端与管道之间的孔隙应封堵严密。

（五）排水管道与其上方电缆管块交叉处理

当排水管道与其上方的电缆管块交叉时，应在电缆管块基础以下的沟槽中回填强度等级的混凝土、石灰土或砌砖，沿管道方向的长度不应小于管块基础宽度加 300mm。

排水管道与电缆管块同时施工时，可在回填材料上铺一层中砂或粗砂，其厚度不小于 100mm。

若电缆管块已建成，采用混凝土回填时，混凝土应回填到电缆管块基础底部，其间不得有空隙；若采用砌砖回填时，砖砌体的顶面宜在电缆管块基础底面以下不小于 200mm，再用低强度等级的混凝土填至电缆管块基础底部，其间不得有空隙。

对任何一个城镇而言，按照总体规划要求，街道下设置有各种地下工程，应使交叉的管道与管道之间或管道与构筑物之间保持适宜的垂直净距及水平净距，各种地下工程在立面上重叠敷设是不允许的，这样不仅会给维修作业带来困难，而且极易因应力集中而发生爆管现象，以至于发生灾害。

第六章　市政给水排水工程安全文明施工

第一节　给水排水工程安全概述

一、相关概念

（一）安全生产概念

安全生产，是指消除或控制生产过程中的危险、有害因素，保障人身安全健康、设备完好无损及生产顺利进行。安全生产除了对直接生产过程的控制外，还包括劳动保护和职业卫生及不可接受的损害风险（危险）的状态。

不可接受的损害风险（危险）是指：超出了法律、法规和规章的要求；超出了方针、目标和企业规定的其他要求；超出了人们普遍接受（通常是隐含）的要求。

（二）安全控制概念

安全控制是通过对生产过程中涉及的计划、组织、指挥、监控、调节和改进等一系列致力于满足生产安全的管理活动。

二、安全控制的方针和目标

（一）安全控制的方针

安全控制的目的是为了安全生产，因此，安全控制的方针也应符合安全生产的方针，即“安全第一，预防为主”。

“安全第一”是把人身安全放在首位，施工必须保证人身安全，这充分体现了“以人为本”的理念。“安全第一”的方针，就是要求所有参与工程建设的人员，包括管理者和操作人员以及工程建设活动进行监督管理的人员都必须树立安全的观念，不能为了经济的发展牺牲安全，当安全与生产发生矛盾时，必须先解决安全问题，在保证安全的前提下从事生产活动。只有这样才能使生产正常进行，促进经济的发展，保持社会的稳定。

“预防为主”是实现“安全第一”最重要的手段。在工程建设活动中，根据工程建设的特点，对不同的生产要素采取相应的管理措施，从而减少甚至消除事故隐患，尽量把事故消灭在萌芽状态，这是安全生产管理中最重要的思想。

市政工程的安全施工执行的是国家监督、企业负责、劳动者遵章守纪的原则。安全施工必须以预防为主，明确企业法定代表人是企业安全施工的第一责任人，项目经理是本项目安全生产第一责任人。为了防止和减少安全事故的发生，要对法定代表人、项目经理、施工管理人员进行定期的安全教育培训考核。对新工人必须实行三级安全教育制度，即公司安全教育、项目安全教育和班组安全教育。

公司安全教育的主要内容是：国家和地方有关安全生产的方针、政策、法规、标准规定和企业的安全规章制度等。项目安全教育的主要内容是：工地安全制度、施工现场环境、工程施工特点及可能存在的不安全因素等。班组安全教育的主要内容是：本工程的安全操作规程、事故安全剖析、劳动纪律和岗位讲评等。

（二）安全控制目标

安全控制的目标是减少和消除生产过程中的事故，保证人员健康安全和财产免受损失。具体可包括：

减少或消除人的不安全行为的目标。

减少或消除设备、材料的不安全状态的目标。

改善生产环境和保护自然环境的目标。

安全管理的目标。

三、安全控制的特征

（一）动态性

1. 工程项目施工的单件性

由于建设工程项目的单件性，使得每项工程所处的条件不同，所面临的危险因素和防范措施也会有所改变。例如，员工在转移工地后，熟悉一个新的工作环境需要一定的时间，有些制度和安全技术措施会有所调整，员工同样需要一个熟悉的过程。

2. 工程项目施工的分散性

因为现场施工是分散于施工现场的各个部位的，尽管有各种规章制度和安全技术交底的环节，但是面对具体的生产环境时，仍然需要自己的判断和处理，有经验的人员还必须适应不断变化的情况。

（二）面广性

由于市政工程规模大，专业类别多，生产工艺复杂、工序多，在建造过程中流动作业多，地下作业、高处作业多，作业位置多变，遇到不确定因素多，所以，安全控制工作涉及范围大，控制面广。安全控制不仅是施工单位的责任，还包括建设单位、勘察设计单位、监理单位，这些单位也要为安全管理承担相应的责任与义务。

（三）交叉性

市政工程项目是开放系统，受自然环境和社会环境的影响很大，安全生产管理需要把工程系统、环境系统和社会系统相结合。

（四）严谨性

安全状态具有触发性，安全控制措施必须严谨，一旦失控，就会造成损失和伤害。

四、施工单位安全管理制度

（一）安全生产许可证制度

施工单位应当具备安全生产条件。同时，有明确规定，国家对矿山企业、建筑施工企业和危险化学品、烟花爆竹、民用爆破器材生产企业实行安全生产许可制度。这些企业未取得安全生产许可证，不得从事生产活动。

（二）安全生产责任制

建立安全生产责任制是施工安全技术措施实施的重要保证。安全生产责任制是指企业对项目经理部各级领导、各个部门、各类人员所规定的，在他们各自职责范围内对安全生产应负责任的制度。

（三）安全生产教育培训制度

安全生产教育培训制度是指对从业人员进行安全生产的教育和安全生产技能的培训，并将这种教育和培训制度化、规范化，以提高全体人员的安全意识和安全生产的管理水平，减少、防止生产安全事故的发生。安全教育主要包括安全生产思想教育、安全知识教育、安全技能教育、安全法制教育等方面，其中对于新员工的三级安全教育，是安全生产的基本教育制度。培训制度主要包括对施工单位的管理人员和作业人员的定期培训，特别是在采用新技术、新工艺、新设备、新材料时，对作业人员的培训。

（四）安全技术交底

项目经理部必须实行逐级安全技术交底制度，纵向延伸到班组全体作业人员。技术交底必须具体、明确、针对性强，技术交底的内容应针对分部分项工程施工中给作业人员带来的潜在危害和存在问题，优先采用新的安全技术措施。应将工程概况、施工方法、施工程序、安全技术措施等向工长、班组长进行详细交底，定期向由两个以上作业队和多工种进行交叉施工的作业队伍进行书面交底。所有的安全技术交底均应有书面签字记录。

（五）特种人员持证上岗制度

特种作业人员是指从事特殊岗位作业的人员，不同于一般的施工作业人员。特种作业人员所从事的岗位，有较大的危险性，容易发生人员伤亡事故，对操作者本人、他人及周围设施的安全有重大危害。特种作业人员必须按照国家有关规定经过专门的安全作业培训，并取得特种作业操作资格证书后，方可上岗作业。

（六）消防安全责任制度

消防安全责任制度指施工单位确定消防安全责任人，制定用火、用电、使用易燃易爆材料等各项消防安全管理制度和操作规程，施工现场设置消防通道、消防水源、配备消防设施和灭火器材，并在施工现场入口处设置明显标志。

（七）意外伤害保险制度

意外伤害保险是法定的强制性保险，由施工单位作为投保人与保险公司订立保险合同，支付保险费，以本单位从事危险作业的人员作为被保险人，当被保险人在施工作业发生意外伤害事故时，由保险公司依照合同约定向被保险人或者受益人支付保险金。该项保险是施工单位必须办理的，以维护施工现场从事危险作业人员的利益。

（八）施工现场安全纪律制度

不戴安全帽不准进入施工现场；不准带无关人员进入施工现场；不准赤脚或穿拖鞋、高跟鞋进入施工现场；作业前和作业中不准饮用含酒精的饮料；不准违章指挥和违章作业；特种作业人员无操作证不准独立从事特种作业；无安全防护措施不准进行危险作业；不准在易燃易爆场所吸烟；不准在施工现场嬉戏打闹；不准破坏和污染环境。

（九）安全事故应急救援制度

施工单位应制定本单位生产安全事故应急救援预案，建立应急救援组织或者配备应急救援人员，配备必要的应急救援器材、设备，并定期组织演练。同时，施工单位应制定施工现场生产安全事故应急救援预案，并根据建设工程施工的特点、范围，对施工现场易发生重大事故的部位、环节进行监控。

（十）安全事故报告制度

施工单位按照国家有关伤亡事故报告和调查处理的规定，及时、如实地向负责安全生产监督管理部门、建设行政主管部门或者其他有关部门报告；特种设备发生事故的，还应当同时向特种设备安全监督管理部门报告。实行施工总承包的建设工程，由总承包单位负责上报事故。

第二节　市政给水排水工程安全控制

一、施工现场的不安全因素

（一）物的不安全状态

物的不安全状态是指能导致事故发生的物质条件，包括机械设备等物质或环境所存在的不安全因素。

1. 物的不安全状态的类型

防护等装置缺乏或有缺陷。
设备、设施、工具、附件有缺陷。
个人防护用品、用具缺少或有缺陷。
施工生产场地环境不良。

2. 物的不安全状态的内容

物（包括机器、设备、工具、物质等）本身存在的缺陷。
防护保险方面的缺陷。
物的放置方法的缺陷。
作业环境场所的缺陷。
外部的和自然界的不安全状态。
作业方法导致的物的不安全状态。
保护器具信号、标志和个体防护用品的缺陷。

（二）人的不安全因素

人的不安全因素是指影响安全的人的因素，即能够使系统发生故障或发生性能不良的事件的人员个人的不安全因素和违背设计和安全要求的错误行为。人的不安全因素可分为个人的不安全因素和人的不安全行为两大类。

个人的不安全因素是指人员的心理、生理、能力中所具有不能适应工作、作业岗位要求的影响安全的因素。个人的不安全因素主要包括：

心理上的不安全因素，是指人在心理上具有影响安全的性格、气质和情绪，如懒散、粗心等。

生理上的不安全因素，包括视觉、听觉等感觉器官，体能、年龄、疾病等不适合工作或作业岗位要求的影响因素。

能力上的不安全因素，包括知识技能、应变能力、资格等不能适应工作和作业岗位要求的影响因素。

人的不安全行为在施工现场的类型，可分为以下 13 大类：

操作失误，忽视安全，忽视警告；

造成安全装置失效；

使用不安全设备；

手代替工具操作；

物体存放不当；

冒险进入危险场所；

攀坐不安全位置；

在起吊物下作业、停留；

在机器运转时进行检查、维修、保养等工作；

有分散注意力行为；

没有正确使用个人防护用品、用具；

不安全装束；

对易燃易爆等危险物品处理错误。

不安全行为产生的主要原因是：系统、组织的原因；思想责任心的原因；工作的原因。其中，工作原因产生不安全行为的影响因素包括：工作知识的不足或工作方法不适当；技能不熟练或经验不充分；作业的速度不适当；工作不当，但又不听或不注意管理指示。

同时，分析事故原因，绝大多数事故不是因技术解决不了造成的，都是违章所致。例如，缺乏安全技术措施，不做安全技术交底，安全生产责任制不落实，违章指挥，违章作业等，所以必须重视和防止产生人的不安全因素。

（三）管理上的不安全因素

也称为管理上的缺陷，也是事故潜在的不安全因素，作为间接的原因，共有以下六方面：

技术上的缺陷。

教育上的缺陷。

生理上的缺陷。

心理上的缺陷。

管理工作上的缺陷。

教育和社会、历史上的原因造成的缺陷。

（四）消除不安全因素的基本思想

人的不安全行为与物的不安全状态在同一时间和空间相遇就会导致事故出现。因此，预防事故可采取的方式无非是：

1. 消除物的不安全状态

安全防护管理制度，包括土方开挖、基坑支护、脚手架工程、临边洞口作业、高处作业及料具存放等的安全防护要求。

机械安全管理制度，包括塔吊及主要施工机械的安全防护技术及管理要求。

临时用电安全管理制度，包括临时用电的安全管理、配电线路、配电箱、各类用电设备和照明的安全技术要求。

2. 约束人的不安全行为

建立安全生产责任制度，包括各级、各类人员的安全生产责任及各横向相关部门的安全生产责任。

建立安全生产教育制度。

执行特种作业管理制度，包括特种作业人员的分类、培训、考试、取证及复审等。

3. 同时约束

同时约束人的不安全行为，消除物的不安全状态，即通过安全技术管理，包括安全技术措施和施工方案的编制、审核、审批，安全技术交底，各类安全防护用品、施工机械、设施、临时用电工程等的验收等来予以实现。

4. 采取隔离防护措施

使人的不安全行为与物的不安全状态不相遇，如各种劳动防护管理制度。

二、施工安全技术措施

（一）安全技术措施的内容

安全技术措施是以保护从事工作的员工健康和安全为目的的一切技术措施。在建设工程项目施工中，安全技术措施是施工组织设计的重要内容之一，是改善劳动条件和安全卫生设施，防止工伤事故和职业病，搞好安全施工的一项行之有效的重要措施。

建设工程施工安全技术措施计划的主要内容包括工程概况、控制目标、控制程序、组织机构、职责权限、规章制度、资源配置、安全措施、检查评价、奖惩制度等。

对结构复杂、施工难度大、专业性较强的工程项目，除制订项目总体安全保证计划外，还必须制定单位工程或分部分项工程安全技术措施。

对高处作业、井下作业等专业性强的作业，电器、压力容器等特殊工种作业，应制定单项安全技术规程，并应对管理人员和操作人员的安全作业资格和身体状况进行合格检查。

制定和完善施工安全操作规程，编制各施工工种，特别是危险性较大工种的安全施工操作要求，作为规范、检查和考核员工安全生产行为的依据。

（二）安全教育培训

1. 安全教育培训的内容

安全教育培训的主要内容包括安全生产思想、安全知识、安全技能、安全规程标准、安全法规、劳动保护、环境保护和典型事例分析。

2. 安全教育培训的要求

广泛开展安全施工的宣传教育，使全体员工真正认识到安全施工的重要性和必要性，懂得安全施工和文明施工的科学知识，牢固树立“安全第一”的思想，自觉地遵守各项安全生产法律法规和规章制度。

把安全知识、安全技能、设备性能、操作规程、安全法律等作为安全教育培训的主要内容。

建立经常性的安全教育考核制度，考核成绩要记入员工档案。

电工、电焊工、架子工、司炉工、爆破工、机操工、起重工、机械司机、机动车辆司机等特殊工种工人，除一般安全教育外，还要经过专业安全技能培训，经考试合格持证后，方可独立操作。

采用新技术、新工艺、新设备施工和调换工作岗位时，也要进行安全教育，未经安全教育培训的人员不得上岗操作。

（三）安全教育的形式

1. 新工人安全教育

三级安全教育是企业必须坚持的安全生产基本教育制度。每个刚进企业的新工人必须接受首次安全生产方面的基本教育，即三级安全教育。三级一般是指公司（企业）、项目（或工程处、施工队、工区）、班组这三级。三级安全教育一般是由企业的安全、教育、劳动、技术等部门配合进行的。受教育者必须经过考试，合格后才准予进入生产岗位；考试不合格者不得上岗工作，必须重新补课并进行补考，合格后方可工作。新工人工作一个阶段后还应进行重复性的安全再教育，加深对安全感性、理性知识的认识。

（1）公司安全教育

公司进行安全生产基本知识、法规、法制教育，其主要内容如下：国家的安全生产、劳动保护、环保方针政策法规；建设工程安全生产法规、技术规定、标准；本单位施工生产安全生产规章制度、安全纪律；本单位安全生产形势、历史上发生的重大事故及应吸取的教训；发生事故后如何抢救伤员、排险、保护现场和及时进行报告。

（2）项目安全教育

项目进行现场规章制度和遵章守纪教育，其主要内容如下：建设工程施工生产的特点，施工现场的一般安全管理规定、要求；施工现场主要事故类别，常见多发性事故的特点、规律及预防措施、事故教训等；本工程项目施工的基本情况（工程类型、施工阶段、作业特点等），施工中应当注意的安全事项。

（3）班组安全教育

班组安全生产教育的主要内容如下：必要的安全和环保知识；本班组作业特点及安全操作规程；班组安全活动制度及纪律；爱护和正确使用安全防护装置（设施）及个人劳动防护用品；本岗位易发生事故的不安全因素及其防范对策；本岗位的作业环境及使用的机械设备、工具的安全要求。

2. 变换工种安全教育

施工现场变化大，动态管理要求高，随着工程进度的进展，部分工人的工作岗位会发生变化，转岗现象较普遍。这种工种之间的互相转换，有利于施工生产的需要。但是，如果安全管理工作没有跟上，安全教育不到位，就可能给转岗工人带来伤害事故。凡改变工种或调换工作岗位的工人必须进行变换工种的安全教育，教育考核合格后方可上岗。其安全教育的主要内容是：

本工种作业的安全技术操作规程；本班组施工生产的概况介绍；施工区域内各种生产设施、设备、工具的性能、作用、安全防护要求等。

3. 转场安全教育

新转入施工现场的工作必须进行转场安全教育，教育时间不得少于 8h，其主要内容为：本工程项目安全生产状况及施工条件；施工现场中危险部位的防护措施及典型事故案例；本工程项目的安全管理体系、制定及制度。

4. 特种作业安全教育

特种作业是指容易发生人员伤亡事故，对操作者本人、他人及周围设施的安全有重大危害的作业。从事特种作业的人员必须经过专门的安全技术培训，经考试合格取得上岗操作证后方可独立作业。对特种作业人员的培训、取证及复审等工作严格执行国家、地方政府的有关规定。

要对从事特种作业的人员进行经常性的安全教育，时间为每月一次。专门的安全作业培训，是指由有关主管部门组织的专门针对特种作业人员的培训，也就是特种作业人员在独立上岗作业前，必须进行与本工种相适应的、专门的安全技术理论学习和实际操作训练。经培训考核合格，取得特种作业操作资格证书后，才能上岗作业。特种作业操作资格证书在全国范围内有效，离开特种作业岗位一定时间后，应当按照规定重新进行实际操作考核，经确认合格后方可上岗作业。

（四）安全技术交底

安全技术交底是指导工人安全施工的技术措施，是工程项目安全技术方案的具体落实。安全技术交底一般由项目经理部技术管理人员根据分部分项工程的具体要求、特点和危险因素撰写，是操作者的指令性文件，因而要具体、明确、针对性强。

1. 安全技术交底的要求

项目经理部必须实行逐级安全技术交底制度，纵向延伸到班组全体作业人员。

技术交底的内容应针对分部分项工程施工中给作业人员带来的潜在隐含危险因素和存在的问题。应优先采用新的安全技术措施，应将工程概况、施工方法、施工程序、安全技术措施等向工长、班组长、作业人员进行详细交底，并定期向由两个以上作业队伍和多工种进行交叉施工的作业队伍进行书面交底，保留书面安全技术交底等签字记录。

2. 安全技术交底的内容

本工程项目的施工作业特点和危险点；针对危险点的具体预防措施；应注意的安全事项；相应的安全操作规程和标准；发生事故后应及时采取的避难和急救措施。

（五）施工现场的安全管理

施工单位应当在施工现场入口处、施工起重机械、临时用电设施、脚手架、出入通道口、孔洞口、桥梁口、隧道口、基坑边沿、爆破物及有害危险气体和液体存放处等危险部位，设置明显的安全警示标志。安全警示标志必须符合国家标准。

现场的办公区、生活区与作业区应分开设置，并保持安全距离；办公区、生活区的选址应当符合安全性要求。职工的膳食、饮水、休息场所等应当符合卫生标准。

施工单位应当在施工现场建立消防安全责任制度，确定消防安全责任人；制定用火、用电、使用易燃易爆材料等各项消防安全管理制度和操作规程；设置消防通道、消防水源，配备消防设施和足够有效的灭火器材，指定专门人员定期维护保持设备良好；并在施工现场入口处设置明显标志，建立消防安全组织，坚持对员工进行防火安全教育。

三、施工临时设施安全技术

（一）临时建筑搭建安全技术

设计应经工程项目经理部总工程师审核批准后方能施工，竣工后应由项目经理部负责人组织验收，确认合格并形成文件后，方可使用。

使用装配式房屋应由有资质的企业生产，并持有合格证；搭设后应经检查、验收，确认合格并形成文件后，方可使用。

使用既有建筑应在使用前对其结构进行验算或鉴定，确认符合安全要求并形成文件后，方可使用。

临时建筑位置应避开架空线路、陡坡、低洼积水等危险地区，选择地质、水文条件良好的地方，并不得占压各种地下管线。

临时建筑应按施工组织设计中确定的位置、规模搭设，不得随意改变。

临时建筑搭设必须符合安全、防汛、防火、防风、防雨（雪）、防雷、防寒、环保、卫生、文明施工的要求。

施工区、生活区、材料库房等应分开设置，并保持消防部门规定的防火安全距离。

模板与钢筋加工场、临时搅拌站、厨房、锅炉房和存放易燃易爆物的仓库等应分别独立设置，且必须满足防火安全距离等消防规定。

临时建筑的围护屏蔽及其骨架应使用阻燃材料搭建。

支搭和拆除作业必须纳入现场施工管理范畴，符合安全技术要求。支、拆临时建筑应编制方案；作业中必须设专人指挥，执行安全技术交底制度，由安全技术人员监控，保持安全作业。在不承重的轻型屋面上作业时，必须先搭设临时走道板，并在屋架下弦设水平安全网；严禁直接踩踏轻型屋面。

临时建筑使用过程中，应由主管人员经常检查、维护，发现损坏必须及时修理，保持完好、有效。

施工前，应根据工程需要，确定施工临时供水方案，并进行临时供水施工设计，向供水管理单位申报临时施工用水水表，并经其设计、安装。施工现场临时供水设计应符合施工、生活、消防供水的要求。采用自备井供水，打井前应向水资源主管部门申报，并经批准。水质应经卫生防疫部门化验，符合现行规定方可使用，且应设置符合生产、生活、消防要求的贮水设施，对水源井应采取保护措施。

开工前，施工现场应根据工程规模、施工特点、施工用电负荷和环境状况进行施工用电设计或编制施工用电安全技术措施，并按施工组织设计的审批程序批准后实施。施工用电作业和用电设施的维护管理必须由电工负责，严禁非电工操作。

（二）道路便桥搭设安全技术

1. 铺设施工现场运输道路

道路应平整、坚实，能满足运输安全要求。

道路宽度应根据现场交通量和运输车辆或行驶机械的宽度确定；汽车运输时，宽度不宜小于 3.5m；机动翻斗车运输时，宽度不宜小于 2.5m；手推车运输不宜小于 1.5m。

道路纵坡应根据运输车辆情况而定，手推车不宜陡于 5%，机动车辆不宜陡于 10%。

道路的圆曲线半径：机动翻斗车运输时不宜小于 8m；汽车运输时不宜小于 15m；平板拖车运输不宜小于 20m。

机动车道路的路面宜进行硬化处理。

现场应根据交通量、路况和环境状况确定车辆行驶速度，并于道路明显处设限速标志。

沿沟槽铺设道路，路边与槽边的距离应依施工荷载、土质、槽深、槽壁支护情况经验算确定，且不得小于 1.5m，并设防护栏杆和安全标志，夜间和阴暗时须加设警示灯。

道路临近河岸、峭壁的一侧必须设置安全标志，夜间和阴暗时须加设警示灯。

运输道路与社会道路、公路出叉时宜正交。在距社会道路、公路边 20m 处应设交通标志，并满足相应的视距要求。

穿越电力架空线路时，应符合有关规定。

穿越各种架空管线处，其净空应满足运输安全要求，并在管线外设限高标志。

穿越建（构）筑物处，其净空应满足运输安全要求，并在建（构）筑物外设限高、宽标志。

2. 跨越河流、沟槽应架设临时便桥

施工前，应根据工程地质、水文地质、使用条件和现场情况，按照现行规定，对便桥结构进行施工设计，经验算确定。

施工机械、机动车与行人便桥宽度应据现场交通量、机械和车辆的宽度，在施工设计中确定：人行便桥宽不得小于 80cm；手推车便桥宽不得小于 1.5m；机动翻斗车便桥宽不得小于 2.5m；汽车便桥宽不得小于 3.5m。

便桥两侧必须设不低于 1.2m 的防护栏杆，其底部应设挡脚板。栏杆、挡脚板应安设牢固。

便桥桥面应具有良好的防滑性能，钢质桥面应设防滑层。

便桥两端必须设限载标志。

便桥搭设完成后应经验收，确认合格并形成文件后，方可使用。

在使用过程中，应随时检查和维护，保持完好。

（三）钢筋混凝土施工安全技术

1. 现场模板和钢筋加工场的搭设

加工场应单独设置，不得与材料库、生活区、办公区混合设置，场区周围设应围挡。

加工场不得设在电力架空线路下方。

现场应按施工组织设计要求布置加工机具、料场与废料场，并形成运输、消防通道。

加工机具应设工作棚，棚应具防雨（雪）、防风功能。

加工机具应完好，防护装置应齐全有效，电气接线应符合有关要求。

操作台应坚固，安装稳固并置于坚实的地基上。

加工场必须配置有效的消防器材，不得存放油、脂和棉丝等易燃品。

含有木材等易燃物的模板加工场，必须设置严禁吸烟和防火的标志。

各机械旁应设置机械操作程序牌。

加工场搭设完成，应经检查、验收，确认合格并形成文件后，方可使用。

2. 现场混凝土搅拌站的搭设

施工前，应对搅拌站进行施工设计。平台、支架、储料仓的强度、刚度、稳定性应满足搅拌站在拌和水泥混凝土过程中荷载的要求。

搅拌站不得搭设在电力架空线路下方。

现场应按施工组织设计的规定布置混凝土搅拌机、各种料仓和原材料输送、计量装置，并形成运输、消防通道。

现场应单独设置混凝土搅拌站，并具有良好的供电、供水、排水、通风等条件与环保措施，周围应设围挡。

搅拌机等机电设备应设工作棚，棚应具有防雨（雪）、防风功能。

搅拌机、输送装置等应完好，防护装置应齐全有效，电气接线应符合有关要求。

搅拌站的作业平台应坚固，安装稳固并置于坚实的地基上。

搅拌站应按消防部门的规定配置消防设施。

搅拌机等机械旁应设置机械操作程序牌。

现场应设废水预处理设施。

搅拌站搭设完成，应经检查、验收，确认合格并形成文件后，方可使用。

（四）冬期供暖要求

现场宜选用常压锅炉，采取集中式热水系统供暖。

采用电热供暖应符合产品使用说明书的要求，严禁使用电炉供暖。

现场不宜采用铁制火炉供暖，由于条件限制需要采用时应符合下列要求：

供暖系统应完好无损。炉子的炉身、炉盖、炉门和烟道应完整无破损、无锈蚀；炉盖、炉门和炉身的连接应吻合紧密，不得设烟道舌门。

炉子应安装在坚实的地基上。

炉子必须安装烟筒。烟筒必须顺接安装，接口严密，不得倒坡。烟筒必须通畅，严禁堵塞。烟筒距地面高度宜为2m。烟筒必须延伸至房外，与墙距离宜为50cm，出口必须安设防止逆风装置。烟筒与房顶、电缆的距离不得小于70cm，受条件限制不能满足时，必须采取隔热措施；烟筒穿窗户处必须以薄钢板固定。

房间必须安装风斗，风斗应安装在房屋的东南方。

火炉及其供暖系统安装完成，必须经主管人员检查、验收，确认合格并颁发合格证后，方可使用。

火炉应设专人添煤、管理。

供暖燃料应采用低污染清洁煤。

火炉周围应设阻燃材质的围挡，其距床铺等生活用具不得小于1.5m；严禁使用油、油毡引火。

添煤时，添煤高度不得超过排烟出口底部，且严禁堵塞。

人员在房屋内睡觉前，必须检查炉子、烟筒、风斗，确认安全。

供暖期间主管人员应定期检查炉子、烟筒、风斗，发现破损、裂缝、烟筒堵塞等隐患，必须及时处理，并确认安全。

供暖期间应定期疏通烟筒，保持畅通。

严禁敞口烧煤、木料等可燃物取暖。

（五）市政工程拆迁要求

拆迁施工必须由具有专业资质的施工企业承担。

拆除施工必须纳入施工管理范畴。拆除前必须编制拆除方案，规定拆除方法、程序、使用的机械设备、安全技术措施。拆除时必须执行方案的规定，并由安全技术管理人员现场检查、监控，严禁违规作业。拆除后应检查、验收，确认是否符合要求。

房屋拆除，必须依据竣工图纸与现况，分析结构受力状态，确定拆除方法与程序，经房屋产权管理单位签认后，方可实施，严禁违规拆除。

现况各种架空线拆移，应结合工程需要，征得有关管理单位的意见，确定拆移方案，经建设（监理）、房屋产权管理单位签认后，方可实施。

现况各种地下管线拆移，必须向规划和管线管理单位咨询，查阅相关专业技术档案，掌握管线的施工年限、使用状况、位置、埋深等，并请相关管理单位到现场交底，必要时应在管理单位的现场监护下做坑探。在明了情况的基础上，与管理单位确定拆移方案，经规划、建设（监理）、管理单位签认后，方可实施。实施中应请管理单位派人做现场指导。

道路、公路、铁路、人防、河道、树木（含绿地）等及其相关设施的拆移，应根据工程需要征求各管理部门（单位）对拆迁措施的意见，商定拆移方案，经建设（监理）、管理部门（单位）批准或签认后，方可实施。

采用非爆破方法拆除时，必须自上而下、先外后里，严禁上下、里外同时拆除。

拆除砖、石、混凝土建（构）筑物时，必须采取防止残渣飞溅危及人员和附近建（构）筑物、设备等安全的保护措施，并随时洒水减少扬尘。

使用液压振动锤、挖掘机拆除建（构）筑物时，应使机械与被拆建（构）筑物之间保持安全距离。使用推土机拆除房屋、围墙时，被拆物高度不得大于 2m。施工中作业人员必须位于安全区域。

切割拆除具有易燃、易爆和有毒介质的管道或容器时，必须首先切断介质供给源，管道或容器内残留的介质应根据其性质采取相应的方法清除，并确认安全后，方可拆除。遇带压管道或容器时，必须先泄除压力，确认安全后，方可切割。

采用爆破方法拆除时，必须明确对爆破效果的要求，选择有相应爆破设计资质的企业，依据现行的有关规定，进行爆破设计，编制爆破设计书或爆破说明书，并制订爆破专项施工方案，规定相应的安全技术措施，报主管和有关管理单位审批，并按批准要求由具有相应施工资质的企业进行爆破。

各项施工作业范围，均应设围挡或护栏和安全标志。

（六）临边防护安全要求

防护栏杆应由上、下两道栏杆和栏杆柱组成，上杆离地高度应为 1.2m，下杆离地高度应为 50 ~ 60cm。栏杆柱间距应经计算确定，且不得大于 2m。

杆件的规格与连接：木质栏杆上杆梢径不得小于 7cm，下杆梢径不得小于 6cm，栏杆柱梢径不得小于 7.5cm，并以不小于 12 号的镀锌钢丝绑扎牢固，绑丝头应顺平向下。钢筋横杆上杆直径不得小于 16mm，下杆直径不得小于 14mm，栏杆柱直径不得小于 18mm，采用焊接或镀锌钢丝绑扎牢固，绑丝头应顺平向下。钢管横杆、栏杆柱均应采用直径 48 ×（2.75 ~ 3.5）mm 的管材，以扣件固定或焊接牢固。

栏杆柱的固定：在基坑、沟槽四周固定时，可采用钢管并锤击沉入地下不小于 50cm 深。钢管离基坑、沟槽边沿的距离，不得小于 50cm。在混凝土结构上固定，采用钢质材料时可用预埋件与钢管或钢筋焊牢；采用木栏杆时可在预埋件上焊接 30cm 长的角钢，其上、下各设一孔，以直径 10mm 螺栓与木杆件拴牢。在砌体上固定时，可预先砌入规格相适应的设预埋件的预制块。

栏杆的整体构造和栏杆柱的固定，应使防护栏杆在任何处都能承受任何方向的 1000N 外力。

防护栏杆的底部必须设置牢固的、高度不低于 18cm 的挡脚板。挡脚板下的空隙不得大于 1cm。挡脚板上有孔眼时，孔径不得大于 2.5cm。

高处临街的防护栏杆必须加挂安全网，或采取其他全封闭措施。

（七）高处作业安全技术

悬空作业必须有牢靠的立足处和相应的防护设施，并应遵守下列规定：

作业处，一般应设作业平台。作业平台必须坚固，支搭牢固，临边设防护栏杆。上下平台必须设攀登设施。

单人作业，高度较小，且不移位时，可在作业处设安全梯等攀登设施。作业人员应使用安全带。

电工登杆作业必须戴安全帽、系安全带、穿绝缘鞋，并佩戴脚扣。

使用专用升降机械时，应遵守机械使用说明书的规定，并制定相应的安全操作规程。

上下高处和沟槽（基坑）必须设攀登设施，并应遵守下列规定：

采购的安全梯应符合现行国家标准。

现场自制安全梯应符合下列要求：梯子结构必须坚固，梯梁与踏板的连接必须牢固。梯子应根据材料性能进行受力验算，其强度、刚度、稳定性应符合相关结构设计要求；攀登高度不宜超过 8m；梯子踏板间距宜为 30cm，不得缺档；梯子净宽宜为 40 ~ 50cm；梯子工作角度宜为 75° ±5° ；梯脚应置于坚实的基面上，放置牢固，不得垫高使用。梯子上端应有固定装置；梯子须接长使用时，必须有可靠的连接措施，且接头不得超过一处。连接后的梯梁强度、刚度，不得低于单梯梯梁的强度、刚度。

采用固定式直爬梯时，爬梯应用金属材料制成。梯宽宜为 50cm，埋设与焊接必须牢固。梯子顶端应设 1.0 ~ 1.5m 高的扶手。攀登高度超过 7m 以上部分宜加设护笼；超过 13m 时，必须设梯间平台。

人员上下梯子时，必须面向梯子，双手扶梯；梯子上有人时，他人不宜上梯。

沟槽、基坑施工现场可根据环境状况修筑人行土坡道，供施工人员使用。人行土坡道应符合下列要求：坡道土体应稳定、坚实，宜设阶梯，表层宜硬化处理，无障碍物；宽度不宜小于 1m，纵坡不宜陡于 1 ：3；两侧应设边坡，沟槽（基坑）侧无条件设边坡时，应根据现场情况设防护栏杆；施工中应采取防扬尘措施，并经常维护，保持完好。

上下交叉作业时的下作业层顶部和临时通行孔道的顶部必须设置防护棚，并应遵守下列规定：

防护棚应坚固，其结构应经施工设计确定，能承受风荷载。采用木板时，其厚度不得小于 5cm。

防护棚的长度与宽度应依下层作业面的上方可能坠落物的高度情况而定：上方高度为 2 ~ 5m 时，不得小于 3m；上方高度大于 5m、小于 15m 时，不得小于 4m；上方高度在 15 ~ 30m 时，不得小于 5m；上方高度大于 30m 时，不得小于 6m。

防护棚应支搭牢固、严密。

（八）线路架设要求

架设架空线路应遵守下列规定：

架空线路应采用绝缘导线架设，线路导线截面应满足计算负荷、线路末端电压损失（不大于 5%）和机械强度的要求。

架空线路的档距不宜大于 35m；线间距离不得小于 30cm。

架空线路导线与地面的最小距离，在最大弧垂时应符合表 6-1 的规定。

表 6-1　在最大弧垂时导线与地面的最小距离

电力架空线路电压 /kV		< 1	1 ~ 10
距离 /m	人员频繁活动区	6.0	6.5
	非人员频繁活动区	5.0	5.5
	极偏僻区	4.0	4.5
	公路	5.0	7.0
	铁路轨顶	7.5	7.5

架空线路导线在最大弧垂和最大风偏时与建（构）筑物突出部分的最小距离应符合表 6-2 的规定。

表 6-2　导线与建（构）筑物突出部分之间的最小距离

电力架空线路电压 /kV		< 1	1 ~ 10
距离 /m	垂直方向	2.5	3.0
	边导线水平方向	1.0	1.5

立杆和撤杆应符合下列要求：

作业前应以杆坑为中心，将 1.2 倍杆长范围内划定为作业区，非作业人员不得入内；吊杆时，吊点应距电杆顶部 1/3 至 1/2 处；电杆就位后，应立即分层回填夯实，待确认电杆稳固后，方可撤除吊绳。

放线、紧线、撤线应符合下列要求：

跨越电力和通信线路、铁路、道路等处放、撤线时，应事先与相应管理单位联系，经同意后方可进行；放线架和线盘应放置稳固，导线应从线盘上方引出。放线时，线盘处应设专人负责，放线速度应缓慢、均匀；在架设线路附近有带电的导线和设备时，应采取防止导线弹、碰附近带电体的措施；作业人员与带电体的安全距离应符合表 6-3 的规定。

表 6-3　作业人员与带电体的最小距离

带电体电压 /kV	10 以下	35	110	220
最小距离 /m	1.0	2.5	3.0	4.0

在无拉线的电杆上紧线时，必须先设置临时拉线。紧线时，应设专人监护，确认安全；紧线人员应站位于导线外侧，紧线应缓慢，横担两侧导线应同时收紧，导线弛度误差不得大于规定值的 5%；撤线时，应先解直线杆的绑线，后撤终端杆的绑线。解终端杆的绑线前，必须先用绳索将导线拴牢、拉紧后，方可将导线慢慢放下，禁止直接剪断导线大放；作业中严禁任何人员处在导线下方。

登杆作业应符合下列要求：

作业前应检查线杆及其埋设情况，确认线杆是否稳固。新立电杆的杆基未夯实前禁止登杆。

现场应设作业区，非作业人员不得入内。

靠杆支设梯子作业，梯子上部必须与杆捆绑牢固。

在带电线路上作业时，登杆前必须确认线路的电压等级和相线、中性线，作业人员必须保持与带电体的安全距离，并设专人监护。

遇雷雨、大雾、沙尘暴和风力六级（含）以上等恶劣天气时，必须停止登杆作业。

电缆敷设应遵守下列规定：

电缆应采用埋地或架空敷设，不得沿地面明设。

电缆埋地时，其深度不得小于60cm，电缆上下应铺盖软土或砂土，其总厚度不得小于10cm，并应盖盖板或砖保护。

电缆进出构筑物、穿越道路处和引出地面竖向高度2m(含)以下部分，应穿保护套管。

橡套电缆架空时，应沿墙或电杆用绝缘子固定，严禁使用金属裸线绑扎，电缆最大弧垂处距地面不得小于2.5m。

电缆接头应牢固可靠，并应做绝缘包扎，保持绝缘强度，不得承受张力。

电缆进行绝缘预防性试验和用兆欧表摇测绝缘后，必须及时放电。

四、施工安全检查

（一）安全检查的主要内容

1. 查管理

检查工程的安全施工管理是否有效。主要检查内容包括安全施工责任制、安全技术措施计划、安全组织机构、安全保证措施、安全技术交底、安全教育、安全持证上岗、安全设施、安全标志、操作行为、违规管理、安全记录等。

2. 查思想

检查企业的领导和职工对安全施工的认识。

3. 查隐患

检查作业现场是否符合安全施工、文明施工的要求。

4. 查事故处理

对安全事故的处理应达到查明事故原因、明确责任并对责任者做出处理，明确和落实整改措施等要求，同时还应检查对伤亡事故是否及时报告、认真调查、严肃处理。

安全检查的重点是违章指挥和违章作业。安全检查后应编制安全检查报告，说明已达标项目、未达标项目、存在问题、原因分析、纠正和预防措施。

（二）安全检查的目的

检查可以发现施工（生产）中的不安全（人的不安全行为和物的不安全状态）、不卫生问题，从而采取对策，消除不安全因素，保障安全生产。

利用安全生产检查，进一步宣传、贯彻、落实党和国家的安全生产方针、政策和各项安全生产规章制度。

安全检查实质也是一次群众性的安全教育。检查能增强领导和群众的安全意识，纠正违章指挥、违章作业，提高搞好安全生产的自觉性和责任感。

预防伤亡事故或把事故降下来，把伤亡事故的频率和经济损失降到低于社会允许的范围及国际同行业的先进水平。

应该不断改善生产条件和作业环境，达到最佳安全状态。但是，由于安全隐患是与生产同时存在的，因此，危及劳动者的不安全因素也同时存在，事故的原因也是复杂和多方面的。为此，必须通过安全检查对施工（生产）中存在的不安全因素进行预测、预报和预防。

（三）安全检查的类型

安全检查可分为日常性检查、专业性检查、季节性检查、节假日前后的检查和不定期检查。

日常性检查即经常的、普遍的检查。企业一般每年进行 1 ~ 4 次；工程项目部每月至少进行一次；班组每周、每班次都应进行检查。专职安全人员的日常检查应该有计划，针对重点部位周期性地进行。

企业内部必须建立定期分级安全检查制度，由于企业规模、内部建制等不同，要求也不能千篇一律。一般中型以上的企业（公司），每季度组织一次安全检查；工程处（项目部、附属厂）每月或每周组织一次安全检查。每次安全检查应由单位领导或总工程师（技术领导）带队，有工会、安全、动力设备、保卫等部门派员参加。这种制度性的定期检查内容，属全面性和考核性的检查。

季节性检查是指根据季节特点，为保障安全施工的特殊要求所进行的检查。例如，春季风大，要着重防火、防爆；夏季高温多雨、雷电，要着重防暑、降温、防汛、防雷击、防触电；冬季要着重防寒、防冻等。

经常性的安全检查。在施工（生产）过程中进行经常性的预防检查，能及时发现隐患，消除隐患，保证施工（生产）的正常进行，通常有：班组进行班前、班后岗位安全检查；各级安全员及安全值班人员日常巡回安全检查；各级管理人员在检查生产同时检查安全。

专业性检查是针对特种作业、特种设备、特殊场所进行的检查，如电焊、气焊、起重设备、运输车辆、锅炉压力容器、易燃易爆场所等。

（四）安全检查的注意事项

安全检查要深入基层，紧紧依靠职工，坚持领导与群众相结合的原则，组织好检查工作。

建立检查的组织领导机构，配备适当的检查力量，挑选具有较高技术业务水平的专业人员参加。

明确检查的目的和要求。既要严格要求，又要防止一刀切，要从实际出发，分清主次矛盾，力求实效。

把自查与互查有机结合起来。基层以自检为主，企业内相应部门间互相检查，取长补短，相互学习和借鉴。

参考文献

［1］高将，丁维华．建筑给排水与施工技术［M］．镇江：江苏大学出版社，2021.

［2］吴昊．如何识读给水排水施工图［M］．北京：机械工业出版社，2021.

［3］房平，邵瑞华，孔祥刚．建筑给排水工程［M］．成都：电子科技大学出版社，2020.

［4］李亚峰，王洪明，杨辉．给排水科学与工程概论［M］．北京：机械工业出版社，2020.

［5］张伟．给排水管道工程设计与施工［M］．郑州：黄河水利出版社，2020.

［6］王新华．供热与给排水［M］．天津：天津科学技术出版社，2020.

［7］陈正．土木工程材料［M］．北京：机械工业出版社，2020.

［8］李孟珊．给排水工程施工技术［M］．太原：山西人民出版社，2020.

［9］孙明，王建华，黄静．建筑给排水工程技术［M］．长春：吉林科学技术出版社，2020.

［10］蒋刚，汪军，王伟．高地下水软土地基降排水方案设计及优化研究［M］．郑州：黄河水利出版社，2020.

［11］吴嫡．建筑给水排水与暖通空调施工图识图 100 例［M］．天津：天津大学出版社，2019.

［12］谢玉辉．建筑给排水中的常见问题及解决对策［M］．北京：北京工业大学出版社，2019.

［13］边喜龙．给排水工程施工技术［M］．北京：中国建筑工业出版社，2019.

［14］王季震．给水排水工程建设监理［M］．北京：中国建筑工业出版社，2019.

［15］郭沛鋆．市政给排水工程技术与应用［M］．安徽人民出版社，2019.

［16］吕媛媛．市政排水工程的规划与施工［M］．安徽人民出版社，2019.

［17］丁志斌．防空地下室给水排水设计施工与维护管理［M］．北京：中国建筑工业出版社，2019.

［18］张福先，于凤庆．给水排水专业基础教程［M］．北京：中国建筑工业出版社，2019.

［19］邹声华．建筑设备安装施工技术［M］．长沙：中南大学出版社，2019.

［20］李明海，张晓宁．建筑给排水及采暖工程施工常见质量问题及预防措施［M］．北京：中国建材工业出版社，2018.

［21］董建威，司马卫平．建筑给水排水工程［M］．北京：北京工业大学出版社，2018.

［22］王霞，李桂柱，吴惠燕．建筑给水排水工程［M］．西安：西安交通大学出版社，2018.

［23］李圭白，蒋展鹏，范瑾初．给排水科学与工程概论［M］．第 3 版．北京：中国建筑工业出版社，2018.

［24］张吕伟，杨书平，吴凡松；张吕伟，蒋力俭总主编．市政给水排水工程 BIM 技术［M］．北京：中国建筑工业出版社，2018.

［25］田耐．建筑给排水工程技术［M］．天津：天津科学技术出版社，2018.

［26］吕诗静，姜世坤，郝霞光．建筑给排水［M］．延吉：延边大学出版社，2018.